社交媒体在食品质量安全治理中的应用研究

Research on the application of social media in food
quality safety governance

陈 锋／著

U0255188

经济管理出版社
ECONOMY & MANAGEMENT PUBLISHING HOUSE

图书在版编目（CIP）数据

社交媒体在食品质量安全治理中的应用研究/陈锋著.—北京：经济管理出版社，2021.3
ISBN 978-7-5096-7862-6

Ⅰ.①社… Ⅱ.①陈… Ⅲ.①传播媒介—应用—食品安全—质量管理—研究—中国
Ⅳ.① TS201.6

中国版本图书馆 CIP 数据核字（2021）第 048957 号

组稿编辑：丁慧敏
责任编辑：赵天宇
责任印制：黄章平
责任校对：陈　颖

出版发行：经济管理出版社
　　　　　（北京市海淀区北蜂窝 8 号中雅大厦 A 座 11 层　100038）
网　　　址：www.E-mp.com.cn
电　　　话：（010）51915602
印　　　刷：北京晨旭印刷厂
经　　　销：新华书店
开　　　本：710mm×1000mm/16
印　　　张：9.75
字　　　数：165 千字
版　　　次：2021 年 3 月第 1 版　　2021 年 3 月第 1 次印刷
书　　　号：ISBN 978-7-5096-7862-6
定　　　价：68.00 元

前　言

　　食品安全管理是现代社会面临的重大难题之一。食品安全事件频发损害了消费者的健康，甚至还会造成严重的公共安全事件。因此，如何有效地对食品安全风险进行识别与监管，成为科研部门与食品安全管理部门密切关注的问题。现有的食品安全风险监测大多是基于历史监管数据和实时检测数据的分析与挖掘。如今，在大数据背景下，食品安全的治理有了新的解决路径。如何有效挖掘互联网信息资源的价值，提高食品安全监管的效率，不仅是学术研究的热点话题，而且逐渐引起了世界各国食品安全管理部门的密切关注。2015年原中国国家食品药品监督管理总局委托南开大学对大数据在食品安全管理中的应用价值进行研究，正值笔者在南开大学攻读博士学位，因此笔者有幸在王芳教授的指导下参与了部分工作。2018年笔者进入鲁东大学工作后，又获得山东省哲学社会科学规划项目的资助，继续从事社交媒体在食品安全管理中的应用研究。

　　本书从信息资源管理的视角，以社交媒体为切入点，应用自然语言处理的技术与方法，对社交媒体和行业网站等互联网信息资源的采集、整合与利用等过程进行了探讨，希望为食品安全风险管理相关决策提供理论基础和方法。本书首先通过对国内外相关文献调研，基于风险理论、风险管理模型和信息管理的DIKW体系模型，对风险信息进行了定义和规范化描述，整理出风险信息的类别，并划分为静态风险信息和动态风险信息，分别定义两类风险信息的结构化模型。在此基础上，结合食品安全管理的实践，抽象出风险信息管理的模型。此模型是整个研究的理论框架。其次，应用开放数据的指导原则，对中国、欧盟、美国等国家和地区的食品安全信息资源的开放共享的数据种类、数据可获取性等特征进行了调查。接下来本书应用网络爬虫对最常用的三大类食品安全风险因素的数据进行了采集，并转换为结构化的静态风险信息。再次，本书探讨了社交媒体的特征、数据获取和处理策略，并从新浪微博中抓取了两家火腿肠生产企业的相关微博。应用自然语言处理方法，对微博内容进行了整理和融合，并转化为动态风险信息。最后，在两类风险信息的基础上，讨论了命名实体融合和内容融合的方法，并提出一种基于微博内容相似性和语义角色比较相结合的融合方法，对动态风险信息和静态风险信息的融合也进行了讨论和实验。本书也对食品生产经营者的质量安全风险管理和用户的食品质量投诉行为进行了调研，提供了该自动信息分析方法的应用背景和可行性论证。

本书在内容上的主要创新点如下：

（1）本书在对风险理论演绎和风险管理实践调研的基础上，对风险信息的内涵进行了剖析，依据风险信息的描述对象、作用和特征，提出应区分静态风险信息和动态风险信息，归纳了风险信息的主要元素并对风险信息进行了结构化定义。以食品安全管理为应用目标，阐明了两类不同风险信息在数据源、信息分析方法方面的差异和交互关系。研究结论进一步丰富了风险管理中风险信息的概念，对食品安全管理理论提供了一个信息分析的视角，扩展了信息资源管理的研究范围，实现了一定程度的创新。

（2）本书使用词表法和语言规则的方法对社交媒体的数据进行了信息抽取。基于自然语言语义依存树分析的风险元素抽取方法，可以一次性抽取多种风险元素信息，与基准方法（词表法）比较，查全率较高，且算法效率高，时间复杂度低。另外，采用字符特征、语句相似与语义角色结合的微博融合算法，合并相似微博，进一步提高了信息元素抽取的准确率。风险信息元素抽取方法对社交媒体数据的信息分析和食品安全监测领域方法论的丰富和扩展做出了一定的贡献。实验为大数据背景下的食品安全数据的挖掘与利用的后续研究提供了数据基础，为实践提供了实用性较强的信息分析方法。

（3）本书实验中构建的词表超过 10 万词条，采集微博数据 8 万余条，并对其中近 5000 条微博数据进行了风险信息元素标注，初步建立起一个食品安全风险信息数据库。通过食品安全的风险信息的采集与处理，我们发现了许多食品安全信息之间的潜在关联。这为促进食品安全数据向食品安全风险信息的转化过程提供了案例参考。通过对两类信息融合的实验，使数据得到了更深层次的应用和更广泛的知识共享，这对监管部门的相关人员的决策起到支持作用。研究展示了互联网信息结构化存储与信息分析在风险管理中的价值，为互联网信息在食品安全风险管理中的应用提供了参考案例和方法。

　　本书出版得到了山东省哲学社会科学规划办公室的项目支持（基于互联网多源信息融合的食品质量安全监管情报支撑研究，18CTQJ05），在此表示感谢。鲁东大学商学院本科生王瑜洁、黄子怡、张楠、李绍康、尤天宇、刘天予、张茂坤和韩鑫同学参与了数据标注和校对工作，感谢你们认真且不计报酬的辛劳付出。

　　由于笔者水平有限，书中错误和不足之处在所难免，恳请广大读者批评指正。

目　　录

第一章 绪 论

第一节 研究背景与意义

由于食品质量安全问题多发,食品安全监管机构的监督绩效难以令公众满意。近年来,世界范围内开始频发食品安全事件,引起社会各界的广泛关注和高度重视。各国政府为了降低和消除食品安全风险,开始采取有针对性的解决措施来对食品安全事故进行有效预防。2006年世界粮农组织和世界卫生组织出版了《食品安全风险分析——国家食品安全管理机构应用指南》,该指南指出,监测体系和能力是国家食品安全监管体系不可缺少的要素。然而食品安全问题依然严峻,呈现因素多样化、爆发性强、扩散速度快、影响区域广等特征,从而引发公众的担忧,而食品安全监管机构监督能力有限,公众对监督效果不满意。

一方面,科技的发展和社会生活密切交往,使高风险成为现代社会的典型特征之一。另一方面,互联网技术和数据挖掘等技术的发展也为风险管理提供了新的工具。

从信息视角审视食品安全问题,信息不对称是食品安全问题根本原因之一,食品监管者处于信息劣势(刘刚,2016)。食品种类多,生产经营者数量多,经营分散,食品加工过程不够透明和开放,食品安全监督机构与食品生产经营者比较处于信息劣势。另外执法资源不足加剧了这一劣势。与数量众多的食品生产经营者相比,监管机构处于信息劣势,信息获取数量不足,质量不佳,时效性差。农产品生产经营者、食品生产和经营者控制产品的生产流程,直接掌握食品的风险信息,且倾向于保守信息,缺少分享信息的动力机制,而监管机构则需要通过执法检测才能获得这类信息。执法人员尤其是基层执法人员不足,另外专业检验检测设备数量不足和检测技术相对落后。对食品安全的监测仅能使用抽样监测,覆盖率低,不能全面及时地获取食品安全风险信息。

从我国近年来发生的食品安全事件看，一部分事件有先兆可循。例如 2008 年婴儿乳制品三聚氰胺事件，在 2007 年境外就通报在宠物食品中检出三聚氰胺；2014 年上海福喜过期肉事件，早于新闻曝光和监管部门介入，内部员工就在微博发帖泄露过此事。

新媒体环境下，信息的快速传播对食品安全风险管理提出新要求。新媒体成为食品安全信息的重要传播渠道。官方或权威机构如果不能对某一食品安全信息做出快速反应，会导致公众的不满。而如果虚假的食品安全信息，或者被扭曲放大的信息在互联网中传播，引发公众的各种臆断，严重时可能造成社会恐慌，损害食品企业和食品行业的正当利益，损害政府的公众形象。由于食品安全问题的信息源多，涉及内容广泛，信息分布呈现碎片化状态，信息可靠性参差不齐，政府监管部门面临的主要挑战之一就是信息管理。收集和处理食品安全风险信息是政府信息管理亟待解决的难题。

大数据时代文本数量庞大但价值密度低，然而互联网中的文本信息存在巨大的价值，值得关注和挖掘。例如，中国人民大学相关研究机构评选的 2014 年 10 大食品安全事件中有 4 件在事发前在互联网或其他公开渠道中均有相关信息，其中两起事件在执法部门查处前就已经由内部员工或消费者发布在互联网自媒体中。本书整理了相关信息，汇总如表 1-1 所示。

表 1-1　2014 年中国食品安全典型案例的互联网征兆

序号	事件	发现过程	互联网媒体
1	汉丽轩烤肉店剩菜流回餐桌	员工举报，媒体曝光，执法部门跟进	大众点评网中部分用户反映卫生差，餐后腹泻
2	食品加工滥用工业原料生产的"毒明胶"	媒体曝光，执法部门跟进	知网中部分学术期刊发表从工业皮革废料中提取胶原蛋白的方法
3	皮口镇养殖海参大量添加抗生素	媒体曝光，执法部门跟进	百度经验等对此类做法有相关描述，但没有特指事发区域
4	上海福喜公司高管涉嫌生产、销售伪劣食品	媒体曝光，执法部门跟进	新浪微博中举报

资料来源：笔者整理。

随着互联网的发展和应用，互联网上的文本数量激增，其中含有大量评论、观点或事实描述。公司和政府等组织也开始利用这些文本挖掘事件信息或人们的意见和情感倾向，用以支持决策。文本信息抽取的自动化成为一个重要的研究领域，与自然语言处理、信息检索、机器学习、知识组织和知识服务等均有一定的相关性。

基于此，我们运用风险管理、公共治理、文本挖掘等相关学科的理论和研究方法，对社交媒体中的食品质量安全信息的挖掘利用进行研究，提供一种利用社交媒体参与食品安全治理的新思路。

在应用层面，本书报告的实验设计和实验结果，为智能化情报工程提供了可资借鉴的案例，为食品安全预警系统设计提供有价值的参考与指导。本书的实验结果有助于合理分配行政资源，节约行政成本。食品产业链条长、种类多，生产和经营分散，而监管力量有限。通过整合行业和机构内部的各种数据源，并积极借助互联网等外部数据，实现内外数据的多源融合，及时发现高危食品种类和违法违规的食品生产经营企业，适时调整监管重点。本项研究有利于维护食品安全。利用文本挖掘技术对网络主题爬虫抓取的信息进行再处理，将与综合风险无关的信息删除，保留与综合风险相关的信息，并将风险信息进行融合，为我国的食品安全管理提供有力的技术支持。通过该研究实现综合风险信息的智能采集和分类，对于研究历史上的食品安全事件，做好食品安全监测工作，避免重大食品安全事件发生都具有重要的现实意义

在理论方面，笔者提供了一个风险信息管理模型，丰富了智能情报和情报工程理论，为风险管理理论提供了信息分析的模型和方法并扩展与深化信息抽取与信息分析研究。风险监测系统可视为智能情报系统的一类。本书归纳风险信息的性质和特征，对风险信息进行结构化描述，构建风险信息管理模型，互联网文本进行抽取和信息分析，并应用在食品安全监测任务中，为智能情报和情报工程提供了实践案例，并丰富了智能情报的理论和方法。在对风险概念分析的基础上，结合对风险管理的调研、归纳风险信息与风险的关系，以及风险管理中风险信息的价值，风险信息的结构化模型和处理方法，为风险管理提供了新的工具。在信息抽取方法上，本书将借助相关性理论、语义相似理论和本体理论，从数据融合的角度，进行算法创新，将信息抽取问题转换为数据融合问题和相关性、相似性的计算问题。本书丰富和完善了信息融合的理论与方法。在大数据时代数据来源多、类型多。多源异构是大数据的基本特征之一，

多源数据融合成为大数据领域重要的话题与研究方向。多源信息融合虽然已有不少研究，但多集中于传感器信号或数据的采集等低层次融合，针对的是自动控制领域和军事决策领域，对特征层次、决策级融合和过程优化等中、高层次信息融合（HLIF）的研究相对较少。本书将丰富完善软、硬数据融合方面的理论和方法。

第二节 研究目标与主要内容

一、研究目标

面对当前多源的数据环境、海量的互联网文本，本书的研究目标是分析风险管理中信息的性质，建立风险信息管理模型，以便有效融合社交媒体信息，通过有效的信息管理提高风险管理的效率。具体子目标如下：

（1）依据已有的文献研究和实践研究，结合我国食品安全管理的问题和特点，分析社交媒体在食品质量安全治理中的应用价值。

（2）分析风险的概念和风险管理流程，揭示风险与风险信息的关系，归纳风险信息的特征和类别。

（3）从信息处理角度，重新定义风险信息和风险信息的结构化模型，为风险信息的存储和处理提供理论模型。分析食品安全管理的流程，整理食品安全的信息资源特征，构建以食品安全管理为基础的风险信息管理模型。

（4）整理食品安全有关的互联网信息资源，选择有效的社交媒体风险信息抽取方法，构建一个实验性质的风险信息数据库，检验风险信息结构化模型，验证其可行性。

（5）探索风险信息融合的方法，从决策支持的视角，提出如何更好地融合多源数据，最大限度地利用互联网信息资源。

二、研究内容

在研究目标的引导下，本书第二章对相关理论问题及其研究现状进行述评，回顾了风险理论和风险管理的一般方法，并介绍了现有的食品质量安全监测体系，讨论了移动互联时代社会多元治理的新思路。第八章是对研究结论的总结。中间内容是本书研究内容的主体。各部分研究内容概述如下：

第三章在文献回顾的基础上，分析风险的概念、风险信息与风险的关系，归纳风险信息的类别，并对风险信息进行结构化定义，给出风险信息处理的结构化模型。结合食品安全管理的实践，在风险管理和情报工程理论的指导下，设计风险信息管理模型。风险信息的结构模型和风险信息管理模型成为本书的理论框架。

第四章介绍了社交媒体的特性和相关的理论与技术。社交媒体是重要的社会信息源，具有独特的信息源特性和传播特征。该章将简要介绍社交媒体挖掘应用的方法与工具。收集微博数据，对微博数据进行统计分析。

第五章给出了一种从社交媒体中抽取风险信息的方法。

第六章探讨信息融合问题。在风险信息管理中，来自不同信息源的信息需要融合，另外本书将风险信息分为静态风险信息和动态风险信息，这两类信息也需要融合。该章探索了使用句子相似性和语义分析的方法对微博数据进行融合，进一步提高了动态风险信息要素抽取的准确率。然后讨论了不同信息融合方法在静态风险信息和动态风险信息中的应用。

第七章报告了一项公众在社交媒体中的投诉举报行为的调研结果。

第三节　研究方法

本书是在相关研究成果的基础上，采用理论分析、算法设计与实验分析相结合，利用多种技术方法开展研究。遵循"理论—模型—方法—实验"技术路线的研究思想，各个环节符合递进式的演进关系。

针对本书的具体研究问题，首先，对本书所涉及的理论方法进行综述和分析，主要包括信息抽取、文本挖掘、数据融合和语义相似等。其次，按照风险分析、风险信息识别、信息抽取和信息融合的思路，构建适合信息自动化处理的风险信息结构化模型。最后，通过实验和算法探索研究，改进信息抽取的技术，设计一种适合本书研究目标的信息抽取方法，并对提取的相关特征进行信息融合。

为了实现研究目标，本书综合采用多种研究方法。具体如下：

（一）深度访谈法和问卷调查法

在第三章中，采用半结构化深度访谈法和问卷调查法收集食品安全管理者和从业者对风险管理和信息交流的理解。本书使用演绎法，基于风险概念和风险信息特征对风险信息进行了结构化定义，将风险信息分类并分离出主要元素。然后使用问卷调查法和深度访谈法，选取政府管理部门和企业的职员，调查在风险管理实践中不同角色的参与者对风险信息的认知，构建在食品安全管理中风险信息的流程图，检验风险信息的核心元素并发掘不同类别风险信息的相互关系，为后续风险元素的抽取和综合利用提供实证资料。

（二）实验分析法

在初步理论分析的基础上，对初步设计的算法进行验证。设计算法并进行实验，对比分析实验结果，对结果中的实例进行考察。依据实验结果改进算法，并进行进一步的实验和考察研究。在反复实验后，提升研究结果的等级，包括使用更一般或更抽象的问题描述及更准确的数学描述。

在第四章、第六章和第七章均使用了该方法，采集互联网数据，并进行处理，以检验第三章设计的风险信息模型和风险信息管理模型。使用不同的算法进行了多组实验，分析并比较了实验结果。

（三）自然语言处理方法

本书使用的自然语言处理方法包括对汉语文本分词、分句、依存句法分析和语句相似性计算等。自然语言文本是风险信息的主要形式之一。风险信息的主要元素也是以自然语言表述的，因而需要使用自然语言处理方法实现从互联网文本中抽取风险信息的主要元素。在本书中，为了实现风险的自动监测，需要对海量的以自然语言文本为主的信息进行加工处理，筛选出有价值的信息元素，以利于后期进一步实现信息融合，或以可视化的方式呈现。本书使用自然语言处理方法对以语言文字表述的风险信息进行精细化处理，分句、分词后，结合研究中构建的词表，将处理层次从篇章级别细化到词语级别。使用依存树分析结果，将依存关系与不同的风险信息元素对应，从而实现对风险信息元素的抽取。

（四）数据挖掘方法

数据挖掘有助于识别风险信息的特征，还可以检验算法效果，并与实践对照，验证研究的实际价值。数据挖掘将有助于优化风险分析模型，完善文本结构化模型。

第四节　主要创新点

本书主要包含以下三个创新点：

（1）归纳风险信息的核心元素并进行结构化描述。风险与风险信息缺少明确而统一的定义，风险信息的特征并不清楚，本书首先定义风险信息，明确风险信息的特征，然后对风险信息进行分类，得到风险信息的核心元素。

（2）提出一种可以一次性抽取风险信息元素的方法。已有研究对每一类信息的抽取都积累了相应的算法，但风险信息元素类别多，本书提出一种信息抽取方法可以一次抽取不同类别的信息元素。

（3）针对微博的数据特征，提出语义相似性计算和语义角色分析融合算法融合相似微博，从而提高风险信息元素抽取的效果。

第二章 食品质量安全的社会风险与治理

依据本书的研究目标，其研究内容横跨风险管理、信息分析、社交媒体分析三个主要的领域。国内外已经有不少研究成果和成熟的工具，为本书的模型构建和验证性实验提供了理论基础和技术支持。然而，与本书内容直接相似的研究成果并不多。因此，本章对风险管理、信息分析和社交媒体三个领域进行文献回顾，由于这三个领域覆盖面广、历史久、研究成果多，本章选择性地回顾与本书相关的典型研究成果，为本书研究的内容提供理论基础，并发现以往研究中的不足和可延伸的方向。

第一节 风险理论与风险管理研究

风险管理的研究广泛分布于多个学科。本节将对风险理论、风险管理的理论和方法进行梳理，归纳不同的风险外延，从本质上挖掘风险的内涵，为本书的开展提供理论支撑。

一、风险概念及分类

"风险"的词源尚待考证，学界莫衷一是。一种观点认为，自古以来，以打鱼捕捞为生的渔民，在长期的劳动实践中，发现风极具威胁，风可以打翻船只，造成财物和生命损失，而风难以预测和掌控，因此"风"即意味着"险"，因此便有了"风险"一词。事实上，除了渔业或航海文明，农耕文明也会祈祷风调雨顺。风险最初是与难以预测的强大的自然力量密切相关的。但是随着人类社会的发展，风险更多地指向人为因素。风险这一概念的使用范围越来越大。刘岩和孙长智（2007）在对风险概念的历史进行研究后，认为风险的内涵具有六大范畴：可能性、与人的关系性、历史性、价值性、社会性和现代性。六个范畴解释了风险的损失是取决于人类社会的价值观，风险的基本特征是不确定性，风险概念在现代社会越来越普遍的使用反映了人类社会认识能力和生产能力的提高，对风险的认识和管理能力是随着科学知识的积累而不断提高的。

风险并不是专属于某个科学的概念，诸多科学领域，包括自然科学、社会学、经济学、哲学、政治学等都会讨论各自专业领域内的风险问题。梳理和分析不同学科对风险的理解和管理方法，对全面完整理解风险的内涵是必要的。尹建军（2008）在综合文献资料的基础上将风险研究的领域分为七个，包括保险精算学、风险环境学、安全工程学、风险经济学、风险心理学、风险社会学和风险文化学。

保险领域和风险经济学领域都与财产利益密切相关。保险是研究风险的传统学科，此领域主要包括保险学、精算学、统计学等，保险业把风险定义为某个事件造成损害的大小和出现概率的高低的复合指标。这种方法收集某一风险事件在过去一段时期发生的频次和损害程度，并假设其保持稳定，进行推算，对类似事件未来产生的后果进行风险评估，保险学、精算学提供了风险度量的理论和技术。风险经济学研究的领域主要包括经济、财务、金融等方面。它对风险概念的理解是以效用（益）为评估标准、以成本和收益作为考量对象。风险经济学的理论用以指导评估各类项目的投资风险。

风险环境学研究人所处的环境对人的健康损害，代表学科是食品科学、流行病学和环境工程学。这一领域的研究成果与食品安全密切相关。其研究结论直接揭示了何种因素可能损害人体健康，进而成为食品安全的风险的控制对象。

安全工程学、风险心理学、风险社会学和风险文化学分别指向了社会生产、生活的不同方面。安全工程学采用风险识别方法识别复杂系统的薄弱环节，使用风险评估的方法预测复杂技术系统的失败概率。企业的产品质量管理研究、航空航天系统的可靠性控制研究等均属于此类。安全工程学与风险管理实践最为密切，直接提供了风险管理的工具和方法。

风险心理学围绕人这一主体，从生理和心理层面解释人对风险的感知和反应，其研究成果可以指导政府监测公众的风险反应，合理解决社会冲突及正确选择风险沟通的策略等方面。风险文化学把风险定义为某一类群体对危险的感知，风险与群体的价值观相关。不同的社会群体受到生存的文化环境影响，从而得到对风险的不同认知。

风险社会学是当前研究风险最活跃的领域。风险社会学的主要观点是风险源自产生它的社会结构、社会制度、社会秩序等，社会风险可以转变为社会危机，如何防范这种转变是风险社会学主要关注的研究问题。风险社会学的理论可以用以指导发现风险、减少风险发生的可能性、避免风险危机出现，或者在风险危机出现后，控制危机蔓延。

研究风险的学科众多，因而学术界对风险的内涵没有统一的定义。Gerberl和Solms RV（2005）认为，社会科学和自然科学对风险的定义和评估方法存在较大差异：自然科学，尤其是工程领域，使用客观的、计量化的工具进行风险识别；而社会科学倾向于使用公众的主观感知来评估风险，这种感知是基于价值观、信仰和个人观点的，受到历史、政治、法律和宗教的影响。风险较有代表性的定义有以下几类：

（1）风险是未来结果发生的不确定性。C.A.Williams等（1995）将风险定义为在既定的条件和某一特定的时期，未来结果的不确定性。未来结果的不确定性可以由概率和方差计算，计算较为简便，因而在人寿保险和投资领域，风险的这种定义得到了广泛的应用。

（2）风险是损失发生的不确定性。例如Rosenbloom J（1972）将风险定义为损失的不确定性。这种观点又分为主观学说和客观学说两类（刘新立，2014）。主观学说认为，不确定性是个人对客观事物的主观估计，是未来不确定性的认识，不同的人会有不同的判断，而不能以客观的尺度予以衡量，风险可以由个人主观信念来测度。客观学说认为，风险是以风险事故观察为基础，以数学和统计学方法进行测度，其损失的大小可以用金钱等量化的尺度来度量。

（3）风险是指损失的大小和发生的可能性。风险以损失的大小与损失发生的概率两个指标进行衡量。例如朱淑珍（2002）把风险定义为："风险是指在一定条件下和一定时期内，由于各种结果发生的不确定性而导致行为主体遭受损失的大小以及这种损失发生可能性的大小。"

尽管风险没有一个统一的定义，但多数定义都认为风险具有不确定性（马畅，2014）。国际标准化组织（ISO）发布的 *ISO Guide 73:2009 risk management* 中将风险定义为："不确定性对目标的影响"（Effect of Uncertainty on Objectives）[①]。在对定义的注释中，目标被解释为不同方面（财务、健康与

---

① ISO Guide 73：2009. Risk management —Vocabulary［S/OL］：http：//www.iso.org/standard/44651.html.

安全、环境等）和层面（战略、组织、产品等）的目标；而影响是指对预期的偏离，可以是正面的也可以是负面的；不确定性是指对事件及其后果或可能性的信息缺失；风险通常使用事件后果和事件发生的可能性的组合来表示。

Kaplan S 和 Garrick BJ（1981）认为，风险与威胁（Hazard）的关系可以用一个公式来表示，即 risk=hazard/ safeguards。另一个关于风险的定义试图回答风险分析需要解决的三个问题。Kaplan S 和 Garrick BJ 认为，风险分析的三个问题分别是：会发生什么问题（当时使用了 Scenario 这个词，后续研究中使用 event），发生问题的可能性有多大（Likelihood），后果是什么（Consequence）？风险被定义为以上三个问题的答案的三元组（Kaplan S and Garrick BJ，1981）。拉桑德使用领结模型形象地描述风险的概念和分析过程（Rausand M，2013），如图 2-1 所示。

图 2-1　风险三元组的领结图

危险事件可以定义为"可能带来负面影响的事件"，另一个相关的概念是初始事件，它被定义为"已经发现的对系统正常运行造成不良影响的事件，需要采取措施才能避免意外的后果"，初始事件是一个分析过程中的概念，意味着需要采取行动避免或减小损害。初始事件在没有干涉的情况下，会发展为一个危险事件，最终导致一种具体的损害。从初始事件到后果的事件序列被定义为事故场景（Scenario）。一个危险事件可能引发一系列的后果 C_1，C_2，…，C_n。后果 C_i 发生的概率 p_i，取决于客观因素和系统安全栅（防护措施）的作用。

Barateiro J 和 Borbinba J（2011）使用基于可扩展标记语言（Extend Marked Language，XML）的语言对风险和风险管理进行规范化的描述。他们在解决企业风险管理的问题中发现，风险管理与领域知识是密切关联的，因而需要使用关系模式（Relation Schema）描述概念实例之间的关系，与风险管理有关的概念主要有资产、资产价值、薄弱点、事件、事件可能性、风险、风险严重程度、事件防控、风险损失控制、防控成本、政策等。所有这些概念使用如下的关系模式描述其关系：

$$f : D \rightarrow R \qquad (2-1)$$

$$<f_1 : D_1, \cdots, D_n>|D_1 \in Dom_1, \cdots, D_n \in Dom_n \qquad (2-2)$$

在式（2-1）中，f 是函数名称，D 是领域而 R 是函数的范围，例如 $E_L : E \rightarrow D_{EL}$ 描述了某个事件发生的可能性，E 代表事件领域。再如 $C_R : R \rightarrow D_{RS}$ 描述了风险损失控制，R 是某类风险，D_{RS} 是对应的减小风险损失的控制措施。

所有函数构成一个关系模式集合（$f_1 : D_1, \cdots, D_n$），式（2-2）中 Dom_i 的值取自领域 D_i。经过形式化定义的关系模式就可以使用 XML 进行描述，形成 xsd 文件格式。

风险可以被度量。在管理中，经常对风险进行评估，认定某类风险较大或者较小。风险度量的常用指标是损失概率和损失幅度。损失概率是指损失发生的可能性，损失幅度是损失的严重程度。在风险管理实践中，风险度量一般是风险分析环节的一项任务。

按损失发生的原因，保险学中通常将风险分为自然风险和人为风险。自然风险是由自然界不可抗拒因素引发自然灾害，进而导致财产损失和人员伤亡，如台风、地震的风险。人为风险是社会中人的行为和各种政治、经济活动而引发的风险。管理科学常使用社会风险这一概念。社会风险是某类危害因素导致社会冲突、破坏社会稳定和社会秩序的可能性，如果这类可能性成为现实，社会风险就转变为公共危机。社会风险可以分为以下不同的类型（尹建军，2008）：

按风险分布的领域划分，主要包括政治风险、经济风险、军事风险、文化风险、道德风险。

按风险来源划分，主要包括外部风险（自然界引发的风险）和人为风险（制度、政策、技术引发的风险）。

按研究学科划分，可以分为哲学、社会学研究的风险和经济学、管理学研究的风险。

对风险的各种分类为风险识别提供了识别思路，有助于选择风险识别的方法。

在食品安全管理领域，风险还被区分为个体风险（Individual Risk）和社会性风险（Societal Risk），个体风险是对特定个人的风险，社会性风险是公众、集体、社区等可能遭受的损失或伤害（Hse，2010；Jonkman SN，Jongejan R and Maaskant B，2011）。

二、风险管理

管理学中，有关风险识别、分析、控制和转移的理论体系是 20 世纪初为了解决企业风险问题而逐步建立和完善的。20 世纪 70 年代，风险管理理论发展到全面的风险管理。在企业管理领域，既包括企业的纯粹风险管理，也包括投资风险管理。社会学等其他学科也广泛开展风险管理的理论研究和实践应用。

风险管理的定义在各种指南和研究论著中的定义也略有不同。通常，广义的风险管理包含有风险分析、风险评价和风险控制等要素。狭义的风险管理仅仅是指风险管理策略的执行步骤，大致等同于风险控制措施。

在美国国家航空航天局（NASA）2008 报告中，风险管理是由风险响应决策管理（Risk Informed Decision Making，RIDM）和连续风险管理（Continuous Risk Management，CRM）组成（Dezfuli H，2010）。RIDM 用以支持重大问题的决策，力图在决策前调查清楚所有的利害关系、利害主体和不确定性。RIDM 主要由识别可替代性要素、风险分析和可替代性要素决策三个步骤组成。连续风险管理是一个连续的环形管理过程，包含有识别、分析、计划、跟踪、控制等要素。

ISO Guide 73：2009 risk management vocabulary 将风险管理的过程定义为"与指导和控制一个组织的风险相关的活动"（Coordinated Activities to Direct and Control an Organization with Regard to Risk）。风险管理包含风险管理框架、风险管理政策和管理计划等内容。

综合以上风险管理的指导框架，风险管理的一般过程如图 2-2 所示。风险管理从确定风险管理的目标开始。风险管理的目标可以从损失的类型出发去订立目标，例如避免财产损失目标、维系信誉和形象的目标等，还可以安装风险管理的时间序列，从损失前和损失后两个时间节点确立风险管理的目标（范道津、陈伟珂，2010）。

风险识别也称风险辨识或危险辨识，主要任务是依据风险管理的目标，找出可能危及目标的风险点，分析可能发生的损失和发生损失的条件。

风险分析是对风险进行估计和评价。风险分析对风险进行定量计算，尽可能细致地描述风险的频率、后果。情景分析和后果分析是风险分析的两种工具。情景分析考察风险因素在不同环境因素影响下可能导致的后果，而后果

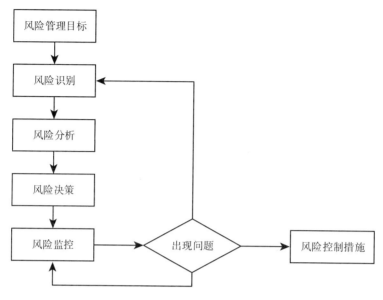

图 2-2　风险管理的一般过程

分析是分析特定后果的后续影响。在风险估计之后，即可评估风险是否可以被风险管理目标接受，对是否采取风险控制策略给出初步结论。风险发生频率的定量分析方法有盈亏平衡分析法、敏感性分析方法、贝叶斯概率估计等（雅科夫·Y. 海姆斯，2007）。对风险进行评价的具体方法有层次分析法、模糊综合评价法、蒙特卡罗法、人工神经网络方法、因子分析法、SWOT（Strength Weakness Opportunities Threats）分析法等（范道津、陈伟珂，2010）。

风险决策依据风险分析的结果，结合风险管理的目标，制定风险应对方法，如风险监控、风险控制策略。

风险监控包括风险监测和风险控制。风险监测是对风险进行跟踪，监视已被识别的风险因素，识别新的风险因素，监测损失是否发生。风险控制是在风险监视的基础上，实施风险管理规划和应对计划。风险监控持续不断进行，发现问题后，可以立即采取风险控制措施，如果是新的风险，还可能需要进行新一轮风险识别、风险评价和风险决策。如果没有出现异常和问题，则持续进行风险监控。

风险控制通过风险管理措施实行。风险管理措施包括控制型风险管理措施、融资型风险管理措施以及内部风险抑制（刘新立，2014）。控制型风险管理措施首先需要找到风险发生的原因，然后减少风险因素，进而实现减轻损失的目标。依据风险识别、风险分析、控制的链条进行管理。例如为避免食品中有害细菌导致的生物性危害发生，食品生产企业可以采用高温灭菌、真空包装等措施进行控制。融资型风险管理措施是通过购买保险产品以在风险发生后减少资产损失。内部风险抑制的典型做法是把公司的经营活动分散，类似于不把所有鸡蛋放在一个篮子里的投资理论。对食品企业而言，采用多家供应商的原料，在不同地方建立生产线就是一种内部风险抑制的措施。

控制型风险管理是防患于未然的管理措施，即使采取了其他两种风险管理措施，控制型风险管理措施也是必需的管理措施。控制型风险管理的前提就是识别风险。只有准确、完整地识别了风险，才能有针对性地制定风险管理的措施。

三、风险识别

风险识别是风险管理的前提，如果不能识别组织所面临的风险，也就无法设计风险管理的制度，无法减少损失。

ISO Guide 73：2009 risk management vocabulary 将风险识别定义为"发现、确认和描述风险的过程"（process of finding, recognizing and describing risks）。范道津和陈伟珂（2010）对风险识别的阐释更为具体，指出风险识别的两个重要目标是查找出风险管理对象的风险源和风险因素向风险事故转化的条件，随后归纳了风险识别的依据是获得过程和结果、活动预期的信息和风险的历史资料，以及风险识别的主要方法有专家调查法、情景分析法、安全表检查法、工作—风险分解法、故障树法、事件树分析法等。

专家调查法又称德尔菲法，其主要流程为：针对组织的风险管理目标，用调查表函询专家的意见，随后进行整理、归纳、统计，再匿名反馈给各专家，再次征求意见，如此反复数轮，直至专家意见趋于一致。该方法既能充分发挥各位专家的作用，集思广益，又能把各位专家间意见的分歧点反馈出来进行反思。不足之处在于，易受专家主观意识和思维局限影响，而且操作中调查征询表的设计对预测结果的影响较大。

情景分析法又称剧本描述法。该方法把研究对象分为主题和环境，通过对环境的研究，识别影响主题发展的外部因素，然后，模拟外部因素可能发生的多种交叉情景，来预测主题发展的各种可能前景。情景预测法在分析过程中可根据不同情景采用不同的预测方法，把定量与定性分析结合起来，从而分别弥补了定性预测主观性强和定量分析容易受模型假设条件限制的缺陷。此方法适用范围很广，不受任何假设条件的限制；考虑问题较全面，又具有相当的灵活性；能及时发现未来可能出现的难题，以便采取措施消除或降低它们的影响。

安全表检查法又称问卷调查法，该方法首先找出可能的风险源，然后将风险因素列入表格中，对照表格进行实地检查或征询相关人员的意见。安全表检查法特别适用于工程项目和设备操作的风险分析。该方法依赖于历史经验，以及对子系统或流程的风险认知。

工作—风险分解法（WBS-RBS），又称流程图法，以作业流程为分析风险的基本单位。该方法主要有三个步骤：一是工作流程分解为工作分解树（WRS），把风险主体与工作流程逐层分解为树形结构；二是把风险分解为风险事件树（RBS）；三是将前两个步骤得到的工作分解树与风险分解树交叉，构建风险识别矩阵。该方法适合比较复杂的项目或组织，可以减少风险识别遗漏的可能性，并与工作流程紧密结合。

故障树分析法（FTA）是利用图解的形式将大的故障分解成各种小故障，然后对产生故障的原因进行分解。这种方法具有简单、易操作的特点，能够迅速地发现大部分风险，适用领域广泛。

在企业的管理实践中，风险清单方法是最基本的方法，流程图法、故障树分析法等是辅助方法。风险清单是一些由专业人员设计好的标准表格和问卷，全面罗列企业可能面临的风险。风险清单方法简单、经济、易于执行，确定是针对性差，不同行业的企业的风险可能是不同的。

风险识别（risk identification）。在实践中广泛应用的风险识别的方法主要有专家调查法、安全表检查法、工作风险分解法、情景分析法、故障树法、事件树分析法等。这些方法的核心首先是识别潜在的所有的风险，其次是确认当前的风险是否存在。第一步往往依赖于领域内的专家，将专家经验显性化、固化；第二步往往使用调查表逐一核对，如安全表检查法。

全吉等（2014）认为，传统的风险识别方法在实践中存在诸多问题，如得到的风险因素较多、重复、颗粒度不一致等，因而设计了风险链和风险地图的方法解决以上不足。该方法定义了风险源、风险因素、风险事件、风险后果、风险损失五个概念，梳理了五个概念间的关系，以海外建设项目工程为例给出相应分类清单，以此为基础从风险的来源以及对目标影响的链条关系上对风险进行逐步识别和分析。

　　随着信息化进程的发展，各行业积累了大量业务数据，使用机器学习的方法识别风险成为一类新的方法。例如冯利军和李书全（2005）将支持向量机的技术引入建设项目的风险识别，利用某建设集团 1984~2003 年共 20 年的建设项目风险状况的数据进行了机器学习与识别。该方法仍然需要专家给出一个风险影响因素的集合，然后由机器依据历史数据判断该风险影响因素是否属于风险因素。Salah A 和 Moselhi O（2016）在广泛采集工程数据的基础上，首先使用细微风险事故结构（Micro Risk Breakdown Structure，MRBS）方法对数据分解，然后用模糊集合理论（fuzzy set theory）对风险影响因素的定性和定量的分析。

　　风险信息是一个与风险识别密切相关的概念。一般认为，风险信息是与风险相关的信息。杨隽萍等（2013）研究了创业过程中的风险信息识别，基于信息加工理论来探讨风险信息识别的影响机理，分析了风险信息接收主体（创业者）特质和风险信息的传输通道（社会网络）在识别过程中的作用。黄泽萱（2013）分析了公众在环境污染领域的风险信息供给中的作用和利弊。

　　多学科融合是风险识别研究的另一类思路。杨青等（2015）在解决非常规突发事件风险识别的问题中，借用免疫学理论构建突发事件风险识别的抗体浓度和亲合度的双危险信号模型，将事件风险识别问题转化为多峰函数计算问题，通过计算实验模拟突发事件的危险分布状态，使用自适应免疫遗传算法搜索风险极值点，识别非常规突发事件。

第二节　现有的食品安全监测信息体系

　　食品安全风险监测是本书选题的实践背景。食品安全是个复杂的概念，包括了食品卫生、食品质量、食品营养等相关方面的内容，不同国家在不同时期，对食品安全的理解和治理政策也不同。对食品安全的理解至少有三个层次（姜万军、喻志军，2013）：

　　一是食品质量安全（Food Safety）。《中华人民共和国食品安全法》第一百五十条规定："食品安全，指食品无毒、无害，符合应当有的营养要求，对人体健康不造成任何急性、亚急性或者慢性危害"①。

二是食品数量安全（Food Security）。食品的数量是否充足、种类是否丰富、消费者是否有足够的购买能力。

三是营养安全。这是指食品中营养成分的过剩、缺失或者比例失调而导致的人体健康问题，通常指针对特定人群而言，特殊的体质（如糖尿病人）或者摄取某类食品过多，而引发健康问题。

本书中的食品安全，指食品质量安全。食品质量安全通常是在食品原料生产、食品加工过程中的人为因素造成的，人为因素导致食品中出现过量有害因素，例如粮食、蔬菜种植者过量使用农药，食品生产商在食品加工中使用违禁添加剂等。健全社会监管体系是规避食品质量风险的途径之一，监管体系除了政府监管，也包括第三方监管。

本书以政府相关部门作为食品安全风险的管理主体。政府监管又称政府规制，指具有相应法律地位的、相对独立的政府机构，依据法规对被管制者（主要是企业）所采取的行政管理与监督行为。政府规制理论经历了规制公共利益理论、规制俘获理论、激励规制理论几个阶段，政府监管按不同视角可分为经济性监管、社会性监管和行政性监管（冯淇，2014）。经济性监管的主要手段是制定特定产业的准入、定价、融资等政策，目标是避免过度竞争或竞争不足，合理配置资源。社会性监管采用行政和法律手段、辅之以经济手段，对涉及商品生产、消费和市场交易过程中的社会行为进行规制，以协调社会成员的利益，维护社会的公平和稳定。行政性监管是对规制政策的制定者和执行者所进行的监督和管理，其目标是确保经济性监管和社会性监管机构有效地进行监管活动以及监管机构行为公正、公平、有效、透明，其实施主体是行政、立法、司法机构，也包含公众、受规制的客体、与规制政策相关的社会团体。我国在食品质量方面的监管机构包括农业、质检、工商、食品药品监督局等一系列部门，通过行政许可、产品抽样检验、制定强制性标准等手段来对食品质量进行监管。

食品安全风险监测，是"通过系统和持续地收集食源性疾病、食品污染以及食品中有害因素的监测数据及相关信息，并进行综合分析和及时通报的

---

① 由全国人民代表大会常务委员会颁布，《中华人民共和国食品安全法》2009 年 2 月通过，2015 年 4 月 24 日修订。

活动"（2010 年 1 月，原卫生部印发的《食品安全风险监测管理规定（试行）》中第二条）。目前，美国、欧盟、日本等发达国家和地区主要以建立健全食品安全质量法律体系和配套的监督管理制度来实现食品安全监测。美国食品药品管理局（FDA）和农业部（USDA）负责开展食品安全风险监测工作。监测项目主要包括农药等化学污染物，对肉、蛋、奶类食品进行安全性评价。欧盟协调各成员国的监测机构，及时交换信息，例如建立了大肠杆菌监测网（Enternet）。1976 年，世界卫生组织（WHO）、世界粮农组织（FAO）与联合国环境规划署（UNEP）共同建立了全球环境与食品监测项目。监测项目主要包括食品中重金属、农药残留、真菌毒素等。澳大利亚霍巴特大学研发的软件——Risk Ranger，设计了多种分类和分级，如消费者易感性、食品暴露概率、剂量危害概率等，该工具可以对食品进行风险分级（Ross T and Sumner J，2002）。

联合国粮农组织和世界卫生组织联合专家咨询委员会在 1995 年将风险分析体系定义为：包含风险评估、风险管理和风险交流三个有机组成部分的一种过程[①]。该风险分析体系对各国的食品安全管理产生了巨大影响。风险评估是风险分析体系的前提。它以科学研究结论为基础，系统地、有目的地评价已知的或潜在的一切与食品有关的对人体产生负面影响的危害。整个评估过程由四个部分组成：危害识别、危害特征描述、暴露评估和风险特征描述。评价结果用以预测给定风险暴露水平下所引起的破坏或伤害的大小，协助风险管理部门判断对这些后果是否需要提高管理和监督水平。通过食品对人体不利的危害主要有：生物性危害、化学性危害和物理性危害三种。生物性危害是由微生物引发的感染或中毒。化学性危害是各类有毒有害化学物质污染食品，化学污染物依据来源大致分为环境污染、天然含有、人为添加和食品供应过程产生四大类。物理性危害可通过一般性措施进行控制，如良好操作规范（GMP）等；对于化学性污染，有关的国际组织也已做了大量的研究，形成了一些相对成熟的控制方法，如 FAO WHO 的食品添加剂专家委员会就已经评估了大量的化学物质，包括食品添加剂、兽药等；风险评估面临的主要难点是对生物性危害的作用和结果的评估，主要是因为生物性危害的复杂性和多变性，各国对生物性危害研究的进展缓慢。

FAO/WHO 认为，风险交流是食品安全风险分析框架的重要组成部分，风

[①]　ftp：//fao.org/codex/Publications/Booklets/Risk/Risk_EN_FR_ES.pdf.

险交流是所有利益相关方（生产商、科学家、政府和各类社会组织）就风险、风险评估和风险管理的交流过程。风险交流的原则包括正确对待风险、可靠的消息来源、透明、区分科学与价值观等。国际食品法典委员会定义的食品安全风险分析框架如图 2-3 所示，该框架中包含了风险评估和风险管理两大模块，两个模块通过风险信息交流进行连接。

图 2-3 国际食品法典委员会定义的食品安全风险分析框架

除了政府监测信息，一些研究利用科研文献中关于微生物的研究成果挖掘食品安全的风险，提供风险信息给食品生产者以控制风险（Plaza-rodríguez C et al.，2015）。这类研究和实践通常使用较为成熟的数据挖掘工具，如 Intelligent Miner、Mine-Set、DBMiner、Enterprise Miner 和 Clementine 等，首先发掘关联规则和预判发展趋势，其次交由专家判别（王利刚等，2015）。

我国自 2009 年《食品安全法》颁布以来，食品安全风险监测工作已经覆盖全国 31 个省（自治区、直辖市），食品安全风险监测的采样、检验和网报能力得到全面加强，食品安全风险监测的技术机构由 2010 年的 344 家增加到 2014 年底的 933 家，监测样品量由 2010 年的 12.91 万个增加到 2014 年的 29.27 万个[①]。2013 年之前，我国食品安全采取分段分环节的监管模式，农业部门负责初级农产品，质检部门负责食品生产加工，工商部门负责经营流通，食药部门负责餐饮消费，由此造成食品安全检验检测数据分散管理，风险监测

---

① 张卫民，裴晓燕，蒋定国等.国家食品安全风险监测管理体系现状与发展对策探讨［J］.中国食品卫生杂志，2015，27（5）：550.

系统建设也不统一，食品安全风险监测尚没有建立结合质检、农业、卫生以及环保各部门风险信息的统一平台（苏亮等，2013）。目前，质检部门、食品药品与卫生部门、农业部门等都有相关的风险监测系统。2009 年，食品药品和卫生部门启动食品安全风险监测数据汇总系统，2001 年农业部根据《农产品质量安全法》的规定，建立了农产品质量安全风险监测信息平台；原国家质量监督检验检疫总局组织开发了"食品安全快速预警与快速反应系统"（RARSFS），系统实施数据动态采集机制，初步实现国家和省级监测数据信息的资源共享。

如何将各部门、各系统发现的问题集中分析、实时预警是构建我国食品风险信息共享平台首先要解决的问题。另外，监测系统也开始利用互联网公开信息。例如上海市食品药品监督所研发的网络食品安全信息实时监控与分析系统，其信息搜索范围包括国内和国外食品污染、食源性疾病、食物中毒的监测信息，还包括国内外权威机构对某一物质所做的食品安全风险评估结果（如JECFA 评估的 ADI 值），以及与食品安全评估有关的其他信息及由新闻媒体和个人博客发布的各种舆情信息等（王立伟、杨风雷，2014）。该系统及时发现跟踪了 2012 年"普洱茶中黄曲霉毒素"，2013 年"新西兰牛奶及奶制品中检出低含量的有毒物质双氰胺"，2014 年的"赛百味快餐偶氮二甲酰胺"等社会关注的热点事件。

面对海量信息，如何筛选信息、评估风险是实现风险预警的关键步骤。我国近年发生的食品安全事件，每一起事件涉及的风险因素都曾被国内外组织或个人披露，但是这些风险信息并没有引起政府部门的重视（晟向君，2013）。

现有的食品安全信息化管理模式有食品生产追溯系统和监测信息共享系统。我国目前的监控体系很不健全，且已有的大量食品监测信息未能共享。我国国家质检总局组织研发了"进出口食品安全监测与预警系统"，该系统采用世界贸易组织确认的风险分析方法，采集出入境检验检疫部门的实验室监测数据，通过对检测数据的实时采集与数据挖掘，实现对食品安全的自动预警（晟向君，2013）。

我国学界对互联网信息在食品安全监测的应用集中于舆情监测、关注舆情信息的生成、传播和引导（任立肖、张亮，2014）。

2013 年武汉大学质量发展战略研究院探索使用互联网信息监测产品的质量安全，2014 年该机构开发出我国首个"质量安全网络信息监测与预警服务平台"①。该平台建立了质量安全网络信息语料库,借助于该语料库和网络信息技术,能在网络上自动采集信息、识别与质量安全有关的信息,并对这些信息进行数据挖掘和知识管理。该项研究正在探索全面利用网络信息对产品质量安全进行科学评价,未来政府借此利用网络平台开展对质量安全的科学预警,及时向公众发布消费品质量安全信息,提高质检总局、农业部、食品药品监督管理总局等部门对质量安全评价与预警的科学性和有效性。

深圳市市场监督管理局研发了食品安全潜规则信息分析系统,通过对舆情收集、日常巡查、监督抽查、风险监测等工作中的信息分析,提取食品安全潜规则信息。潜规则信息是指食品生产经营者为提高产品品相,牟取非法利益,采取的不对外公开的方式可能涉及违法违禁的加工工序②。该系统涉及 27个食品大类,119 种有害因素,覆盖农产品种植养殖、食品生产、流通及餐饮服务各个环节。系统运行后即发现首条潜规则:"硼砂发制海参"。依据该信息,该局快速收集了硼砂的危害、检测方法等资料,对市场中的海参产品开展重点检测。

食品安全风险信息产生与传播中存在信息噪声污染、信息隔离等诸多的问题(王小萱,2015)。食品安全信息交流中存在不同利益主体的博弈(王中亮、石薇,2014)。

根据世界卫生组织/联合国粮农组织(WHO/FAO)出版的《食品安全风险分析:国家食品安全管理机构应用指南》中的定义,"风险交流是在风险分析全过程中,风险评估人员、风险管理人员、消费者、企业、学术界和其他利益相关方就某项风险、风险所涉及的因素和风险认知相互交换信息和意见的过程,内容包括风险评估结果的解释和风险管理决策的依据"。目前我国在食品安全领域的风险交流还不充分,国家食品安全风险评估中心是设立风险交流部门的专业机构,风险交流部门不仅负责风险交流的策划和实施,也开展舆情监测分析及风险交流相关技术研究。

食品安全监管机构和市场经营主体时常需要做出各种决策。信息质量和数量是影响决策质量的关键因素之一。在公共管理中,信息工具可以为管理机

---

① 张彦. 武大建首个质量安全网络信息语料库 [EB/OL]. 北京:中国社会科学杂志社. 2014-01-01 [2016-10-2]. http://www.cssn.cn/gd/gd_rwhz/gd_dfwh_1669/201409/t20140904_1317133.

② 傅江平. 深圳市食品安全潜规则信息分析系统正式运行 [N/OL]. 中国质量报. 2013-08-23. http://www.cqn.com.cn/news/zgzlb/dier/759332.html.

构提供决策信息以改善决策质量的规制工具，主要有交易主体的信息义务、公共机构的信息公开制度、信息提供激励制度等（应飞虎、涂永前，2015）。尽管有信息工具可以使用，但信息工具也存在规制力度弱、负面效应大、难以界定信息义务的范围等问题。

第三节　移动互联时代的社会多元治理

目前，互联网的应用已经渗透到经济、社会、文化生活的各个层面，并产生了大量的数字化数据。2011 年，全世界产生和复用的信息约有 1.8ZB，而到 2013 年已经达到 4ZB，两年时间内翻了一倍多。这些数据不仅作为静态信息资产存在，而且反映了经济、社会、政府组织动态运行的特征、质量和存在的问题。可以说，在移动互联时代，国家治理处于一个全新的大数据技术环境之中，对国家治理主体的行为准则、策略选择、相互关系以及治理效果的评价都提出了新的挑战。胡洪彬认为，大数据的利用有利于扩展国家治理的主体范围，治理过程可以更透明。刘叶婷、唐斯斯（2014）认为，大数据对政府治理理念的影响是开放与包容，并以"智能化"重塑治理范式。孙粤文（2016）认为，大数据可以从产业转型升级、公民政治参与和政治发展的新通道、社会管理、国家安全等方面提升国家治理能力。透彻理解大数据环境的复杂性，充分把握大数据环境多变、透明、互联互通的特点，有效应对大数据环境带来的意识形态斗争、信息安全、文化渗透等风险，是当前国家治理必须要考虑的问题。

国家治理（State Governance）现代化是当前开发利用社交媒体数据的重要契机。国家治理现代化是指运用现代化治理的理念、方法和技术工具，对国家的政治、经济、社会、文化进行有效管理的过程，包括经济治理、社会治理、环境治理、文化治理以及各类组织治理等。不同于以单极治理为特征的国家统治，国家治理强调治理主体的多元化和治理工具的多样性。国家治理的主体是政权所有者、管理者和利益相关者等多元主体，强调合作管理，其客体是社会公共事务，其目的是增进公共利益和维护公共秩序。对社交媒体进行有效的开发利用将会提高政府的决策水平，增强政府的社会管理和公共服务能力，对于推进国家治理体系现代化具有重要价值。可以说，社交媒体数据既是国家治理的环境和工具，同时也是国家治理的对象和结果。

2015 年 10 月 1 日起施行的《中华人民共和国食品安全法》（以下简称

《食品安全法》）反映了国家治理体系和治理能力现代化的新进展。在该法的修订内容中，多处规定了公众参与食品安全治理的途径与规范。例如，新法第九条"食品行业协会应当加强行业自律，按照章程建立健全行业规范和奖惩机制，提供食品安全信息、技术等服务，引导和督促食品生产经营者依法生产经营，推动行业诚信建设，宣传、普及食品安全知识。消费者协会和其他消费者组织对违反本法规定，损害消费者合法权益的行为，依法进行社会监督"。《食品安全法》鼓励公民进行监督，"任何组织或者个人有权举报食品安全违法行为，依法向有关部门了解食品安全信息，对食品安全监督管理工作提出意见和建议"（第十二条），"对在食品安全工作中做出突出贡献的单位和个人，按照国家有关规定给予表彰、奖励"（第十三条）。

公众参与食品质量安全治理是社会治理从一元管理向多元治理的转变路径之一。公众参与可以弥补政府管理中信息不对称的缺陷，也有助于实现政府职能从全能型政府向有限政府转变，降低行政成本。

公众参与食品安全治理，还需要建立并完善食品安全多元治理机制，莫于川（2007）认为，需要从建立信息系统、推进信息公开、健全举报制度、完善激励措施和增强救济力度五方面推进机制建设。基于博弈论的研究表明，扩大信息反馈渠道并降低消费者的投诉成本，将提高消费者对食品安全问题投诉的积极性（廖卫东、时洪洋和肖钦，2018）。

第三章　风险信息和风险信息分析过程

在风险管理的研究中，信息管理被作为企业经营内部风险抑制的一种措施，包括获取有关风险的损失概率和损失程度的信息，对企业未来经营的不确定因素进行调查和预测，对调查数据进行分析等。风险信息的概念缺少明确的定义。本章首先从风险的概念出发，定义风险信息，然后以食品安全管理为应用背景，在情报工程理论的指导下，构建风险信息管理模型。

第一节　风险信息的概念

一、风险与风险信息的关系

风险、信息和风险信息是风险管理研究中常常使用的概念，具有密不可分的关系。风险的基本特征之一是不确定性，而信息可以消除不确定性。信息既可以描述风险，也可以成为风险的传导载体，缺失信息可能导致风险得不到有效控制，信息的传递和扩散又可能导致风险蔓延（周荣喜等，2015）。中国台湾"地沟油事件"中，信息充当了风险传导的载体，信息展现了两方面的作用：缺失或失真的信息导致风险在供应商、制造商、消费者之间传递；而风险被发现后，关于该事件的信息在互联网和其他媒体中广泛传播，又放大了企业的经营风险。

风险信息是一个在各领域广泛使用的概念，但缺少明确的定义。文献调研发现，风险信息的内涵与外延有如下三类定义：一是从风险相关的角度去使用风险信息这一概念，不定义内涵，只罗列外延。例如，Barateiro J 和 Borbinha J（2011）设计了一个风险信息的管理框架，研究中没有对风险信息给予定义，在该框架中与风险相关的利益（asset）、事件（event）等概念相关的信息都被认为是风险信息。张翔（2011）提出了一种综合风险信息的表示模型，也认为一切有关风险的文本都是风险信息。二是从信息的价值角度定义风险信息。例如，贾增科和邱菀华（2009）将熵理论引入风险和信息的分析中，认为风险是主观风险与客观风险的综合体，信息可以减小主观风险，足够的信息甚至可以消除主观风险。那么基于熵理论，风险信息是一切能够消解风险不确定性的信息。李文琼（2014）在研究产品风险预警的过程中，从信息的价值维度定义风险信息，风险信息"与质检系统职责相关，会对人民群众的生命健康安全、财产安全造成极大的伤害，对相关产业的发展造成重大隐患、对进出口贸易形成极大威胁，对社会稳定发展产生极坏影响等，最终可能形成潜在的系统性危害"。这一定义没有明确信息的特征，只约定具有特定功效的消息就是风险信息。三是从信息的本质和价值去定义风险信息。周敏（2014）参考香农对信息的定义，认为风险信息是社会生活中，可以影响人们决策概率的，具有高度不确定性的物质—能量形式。这一定义中，风险信息的本质是人们对风险概率的描述，而这种描述因个人和组织对风险的认知而不同。信息的价值是人们接收风险信息后可能减弱自身对事件认知的不确定性，进而影响决策。

情报学也没有对风险信息的识别与利用给予特别关注。可资借鉴的是，慎金花和赖茂生（2004）曾依据信息传播的原理分析了信用信息的内涵和范围，信用信息是信用概念的延伸，所有能够表征市场交易双方守信状况和守信能力的信息都是信用信息。这一定义将信用解析为信用状况与守信能力，然后定义与之相关的信息就是信用信息。

借鉴以上的定义方法，本书首先对风险的概念进行分析，然后从风险的相关性与风险管理的功效角度考察风险信息的内涵与外延。

在定义风险信息之前，首先需要确定风险是什么。在本书第二章第一节中归纳了风险的多种定义，其核心是损失和不确定性。在风险管理实践中，对风险的描述通常是回答如下的三个问题（Kaplan S and Garrick BJ，1981）：

（1）什么东西会出错？

（2）出错的可能性有多少？

（3）结果会是什么？

刘新立（2014）认为，风险的本质可以归结为风险因素、风险事故和损失。风险因素（hazard）既是促使和增加损失的条件，又是风险事故发生的潜在原因。风险事故（peril）又称风险事件导致损失的直接原因，是风险因素到风险损失的中间环节。例如汽车行驶在路面上，汽车的刹车系统、路况等都是风险因素，而刹车失灵是一个风险事件，导致交通事故和人员伤亡的损失。

风险是利益损失的不确定性。损失有两个要素：一是利益主体，二是利益类型。某个利益主体拥有多种利益类型，如健康、财产、名誉等。对于食品安全而言，利益主体是公众，利益类型主要是健康利益和财产利益。不确定性是相对而言的，参照风险的主观性和客观性，不确定性具有客观性和主观性两类。如果损失的发生影响因素复杂，难以明确损失发生的时间和损失程度，那么可以认为该不确定性是客观的，比如地震的风险。另一类风险是风险因素已经存在，风险事故已经发生，损失即将发生或者已经发生，但利益主体或者管理风险的主体没有认识到风险因素和风险事故已经存在。例如，一批掺入有害原料的食品被加工并投放市场，消费者已经购买了该食品，但消费者并不清楚该食品的危害，而食品和药品监督管理部门也不了解该食品的危害和销售区域，那么对消费者和管理部门而言，该食品的安全风险不确定性是主观不确定性，该伪劣食品的生产商是掌握这一信息的。

在风险三要素观点的基础上，本书认为风险因素、风险事件和损失结果构成了风险链条。在图3-1风险链条中，风险事件是风险因素导致损失发生的桥梁。风险因素导致损失发生通常是确定的，但也可能是不确定的，风险管理中风险识别的环节主要任务就是查找风险因素。风险事件是否发生通常是不确定的。风险管理的措施通常是针对风险事件的，即防范风险事件发生。

图 3-1　风险链条示意图

资料来源：笔者整理。

风险因素是导致损失的根本原因，是损失发生的前提。风险事件是对风险因素状态的描述，风险事件使得风险因素导致损失发生成为可能。风险链条 r 是风险事件 i 发生，导致风险结果 e 的一个描述。即 r：i-->e。多条风险链条组成一个风险链条集合 R。一个事件可以引发多条规则，产生多个结果，构成一个风险结果集合 E，集合 E 包含不同主体的不同利益损失，如图3-2所示。

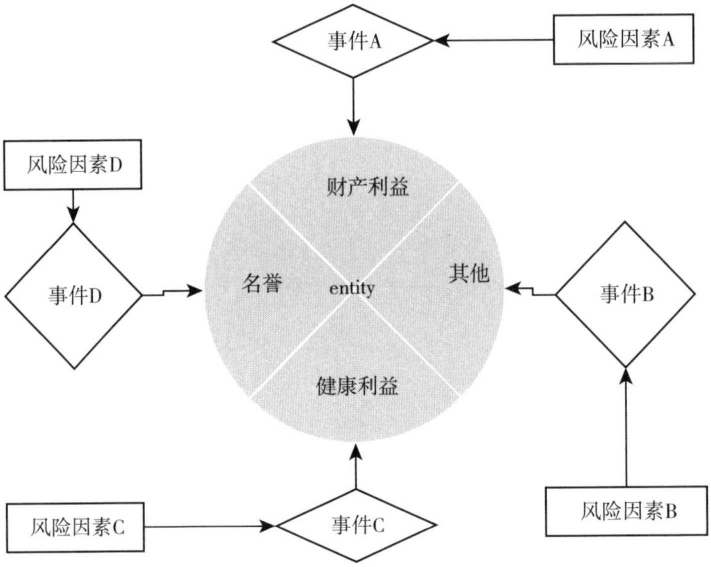

图 3-2 风险模型图

风险结果是利益主体的利益损失。风险链条中关于事件导致损失的描述，既可以是必然的，也可以是或然事件，即某一事件发生，可能导致某种损失，可以使用概率进行数学描述。不同利益类型的损失大小也可以是各自概率的分布。在风险管理实践中，较多关注已知的风险链条，即发生概率大于 0 的风险链条。如果管理者无法获得规则 r 的概率，就难以作为风险进行管理。例如三聚氰胺有害人体健康，或者转基因食品有害人体健康。当不了解三聚氰胺对婴幼儿肾脏的危害时，在食品中发现三聚氰胺，没有作为风险事件来处理。风险定义的核心就是不确定性，规则的不确定性也是风险。风险的量化对评价风险信息的价值有重要价值。

吴岚（2012）为研究人寿保险定义了个体风险模型，某个个体或某个业务的风险是所有损失的总和，以下三个公式定义个体风险模型（吴岚，2012）。

定义 1-1 设 X_1, X_2, …, X_n 是相互独立的随机变量，而且具有：

$$\Pr\,(X_i=0)>0 \tag{3-1}$$

$$\Pr\,(X_i\geqslant 0)=1 \tag{3-2}$$

满足式（3-1）和式（3-2）的模型：

$$S=X_1+X_2+\cdots+X_n \tag{3-3}$$

式（3-3）为个体风险模型。S为总损失量。N为风险个数，X_i为第i个个体的损失量。受此启发，每一项业务或某一领域的风险也是由多个利益损失的和来定义。风险事件是风险的重要因素，但风险事件的概念并没有形式化定义（Yellman T W，2015）。风险就是关于风险事件的概率、风险链条概率和损失系数的函数。

$$R_{(i)} = \alpha \times P_{(i)} \times P_{(r)} \qquad (3-4)$$

α是利益损失的系数。利益损失的大小S，与事件的施事的影响力、受影响的主体数量、利益类型密切相关，可以通过历史数据估算，形成一个损失系数α。风险链条也并非必然性，例如食品中的大肠杆菌超出食品安全的标准值可能引发腹泻，但不是必然每个人都会腹泻。该规则可以给予一个发生概率，即$P_{(r)}$。事件i本身有一个发生概率，即$P_{(i)}$。

尽管风险可以使用概率进行描述，但社会管理中，风险的大小并不能直接使用风险的概率值进行度量。风险的大小与损失后果的严重程度密切相关，而损失的大小受到多种因素的影响，比如风险因素的危害性、事件的波及面、风险管理措施是否及时和有效。

风险信息是与损失相关的或能够消除其不确定性的信息。依据对风险的定义，风险信息包括：

（1）有关风险链条的信息。这是风险的基本信息，描述事件与损失的关系，包括事件导致损失的概率和损失的大小等。在食品风险分析中，风险链条主要是有害因素对人健康的损害。

（2）有关风险事件的信息。风险事件的信息包括事件的基本要素、事件的特征、事件的发生概率等。在食品风险分析中，风险事件通常是某一有害因素在食品中被发现。

（3）有关风险结果的信息。风险结果的信息包括利益主体的信息、利益的类型、利益的特征等。在食品安全风险管理中，利益主体主要是人，利益类型是健康。

（4）有关风险因素的信息。风险因素的范围和主要特征。

（5）与计算损失系数相关的信息，包括风险因素的影响范围，受到风险因素影响的利益主体的数量，风险结果的损害程度等。

二、风险信息的类别

周敏（2014）从风险社会中信息流动和传播管理的视角研究风险信息，总结风险信息具有全球性、不确定性、人为性、制度性和双重性特征。现代社会国家之间高度的联系使得风险具有全球性，因而风险信息也具有全球性特征，风险信息的产生、传播和影响要在全球环境下理解和评估。风险的不确定性是公众对信息的理解是不确定的。风险信息的双重性是指风险信息的双重价值：机遇与挑战并存。一方面，可以有助于管控风险；另一方面，又诱导人们去大胆开拓，带来更多风险。

国家质检总局设计的质量安全风险监控信息共享平台中，风险信息按来源区分为质检业务监管系统的数据和媒体、其他组织机构的情报类数据（高永超等，2015）。业务监管系统的数据是结构化数据，来自数据库系统。而情报类数据以文本为主，如描述食品安全事件的时间、地点和主要过程。这一平台处理的情报类数据以新闻报道为主，不采集和处理社交媒体中个人发布的信息。

风险信息的类别可以按照信息描述的对象进行分类。杨跃翔等（2014）认为，消费品质量安全风险信息是对导致消费品质量安全事故的各类风险源的描述，包括人的因素、环境因素和消费品因素。其中，消费品因素是导致事故发生的原因，人的因素是指消费者的使用行为，包括误操作、未按规程使用等，环境因素往往是诱发安全事故的外部因素，如高温、潮湿、雷电等，外部因素使得消费品发生事故的可能性增加。因此，有关人的因素、环境因素和消费品因素的信息都属于消费品质量安全风险信息。

本书将风险信息按照更新速度进行分类。风险信息有两类：一是关于风险链条的信息和损失系数的信息，这类信息更新慢，可称为静态风险信息；二是关于风险事件是否发生的信息，这类信息是动态的，时效性强，可称为动态风险信息。区别两类风险信息，为有效管理风险信息资源，实现高效的风险管理提供了理论支持。

在食品安全风险管理中，利益主体主要是人，利益类型是健康。食品安全是相对的，没有绝对安全的食品。在我国食品安全有三种不同的解读：一是质量与安全的结合，质量是指食品外在及内在的品质，如营养成分、色泽、味道和口感等，安全是指食品中不包含对人体及动物健康的直接和潜在的有害因素，如重金属污染、农药兽药残留、有害细菌；二是质量安全，是食品优质、安全、营养等多元素的综合；三是狭义的安全，指食品中不包含对人体及动物健康的直接和潜在的有害因素（张书芬，2013）。由于消费者的个体差异，某些食品的安全与否也是因人而异的。在影响食品的质量安全因素方面，主要有下列因素：①受污染的原材料，主要有农产品种植养殖过程中的污染，如残留农药污染、重金属污染等；②生产加工因素，主要是农业生产及农产品加工技术水平低或者未按标准流程加工，如超量的食品添加剂、消毒不彻底等；③流通因素，未执行冷链运输或者产品超期销售等。

2010 年中华人民共和国原卫生部印发了《食品安全风险监测管理规定（试行）》[1]中，第二条规定：食品安全风险监测，是通过系统和持续地收集食源性疾病、食品污染以及食品中有害因素的监测数据及相关信息，并进行综合分析和及时通报的活动。食品安全风险监测中采集的信息，隐含了静态风险信息和动态风险信息。其第二章第五条规定：国务院有关部门根据食品安全监督管理等工作的需要，提出列入国家食品安全风险监测计划的建议。建议的内容应包括食源性疾病、食品污染和食品中有害因素的名称、相关食品类别及检测方法、经费预算等。哪些需要列入监测计划，其实就是对风险链条的识别，有害因素导致健康损失就是风险链条，基于对风险链条的收集与评估，确定有害因素的名称。有害因素在食品中被检测出，或超出一定的标准，即为风险事件。第十四条规定：卫生部指定的专门机构负责对承担国家食品安全风险监测工作的技术机构获得的数据进行收集和汇总分析，向卫生部提交数据汇总分析报告。监测数据是动态风险信息，反映了风险事件的发生概率。

在上述规定中，我国食品卫生监管部门没有明确定义食品安全风险，从监测内容分析，其食品安全风险是指食源性疾病、食品污染以及食品中有害因素。本书定义的食品安全风险是指食品生产和经营者未采取必要措施或者做出不恰当的行为，使得食品中混入有害因素，进而导致消费者健康和财产等利益损失。风险的结果是人的健康和财产受损，利益主体主要是人，利益类型是健康。

风险事件未必一定导致损失，损失的发生也未必是风险事件引发的，但

---

① http://www.gov.cn/gzdt/2010-02/11/content_1533525.htm.

风险事件和损失都是风险的构成要素，因此，食品安全风险的信息主要是关于风险事件和损失发生的信息。为了提高对食品生产和经营者的监管效率，收集食品生产和经营者的风险事件（主要表现为风险行为）信息和损失后果信息，就可以及时评估和管理食品安全的风险。

张红霞等（2013）采集新闻媒体报道中的食品安全事件并统计食品安全的不同风险的比例。该研究通过统计 2005~2012 年的 3300 个有效事件，发现食品安全事件中食品加工环节发生的问题最多，占比为 80.6%，其次是农产品生产环节和消费环节，占比分别为 7.6% 和 7.5%。食品加工环节中"使用不安全辅料"这一因素占比为 46.7%，主要是添加剂、防腐剂等使用过量，或添加其他有毒有害物质；"使用不合格原料"这一因素所占比例也较高，为 12.9%，例如使用病死猪、过期食品作为食材等；"加工环境不卫生"占比为 20.2%。这一实证研究结果说明了食品风险管理中，食品生产和经营者是关键因素，食品安全风险管理需要有效掌握食品生产和经营者的风险行为的信息。

在风险的研究中，存在风险客观性和风险主观性的争论。具体到食品安全风险，风险客观性可以理解为食品中有些有害因素对人的健康产生威胁是客观的，而风险主观性可以理解为风险是人为因素导致的，即食品生产和加工者没有遵守相关的标准，做出了不合规范的行为，导致食品中混入了有害因素，对食用者健康造成了威胁。从风险主观性分析，风险事件表现为食品加工者的不良行为。本书定义风险事件是对风险因素状态的描述，它是风险因素导致风险发生的前提。在食品安全风险管理中，风险事件就是关于某一有害因素在食品中存在的状态，或者导致该状态发生的先导状态。例如，大肠杆菌在食品中数量超标是一个风险事件。导致大肠杆菌超标的先导事件可以有：食材没有严格清洗、加工工序未按规范执行、未执行冷藏保存等。

食品安全风险管理中事件的基本要素是时间、地点、人物、有害因素、对象、过程。描述在某个时期，某个区域内，某个主体对食品的处理过程。处理过程有：

（1）添加某种有害物质。

（2）增加非法工序。

（3）减少工序。

综合风险信息的特征和食品安全研究者的结论，本书将食品安全管理中的信息区分为静态风险信息和动态风险信息。

静态风险信息包含：

（1）关于已知的有害因素的信息。如种类、危险剂量等。食品安全部门比较重视此类信息，有害因素监测计划中的有害因素目录就属于此类信息。影响健康的有害因素的种类和特征在一定时期内变化不多，因此已知的有害因素的信息可以归入静态风险信息。

（2）有关风险链条的信息，如有害因素导致何种后果，以及触发条件。大肠杆菌导致腹泻的信息就是关于风险链条的信息，描述了一种有害因素的名称，以及损失后果。更多的信息如产生危害的大肠杆菌数量、易感人群等都属于风险链条的信息。这类信息是科学研究的结论，可靠性较高，随时间变化程度小。

（3）风险事件中关于行为主体的信息，如食品生产者名称、生产规模等。行为主体类型多，并非所有行为主体的信息都是静态信息，食品安全管理部门已经掌握的或者容易采集的食品生产经营者的工商登记信息、食品生产认证信息、生产品类等信息可以归入静态风险信息。

动态风险信息包含：

（1）关于损失后果发生、蔓延的信息。对损失后果的监测可以用于评估风险的破坏程度，用以科学决策，控制风险蔓延。在食品安全管理实践中，消费者的投诉、医疗机构发现的食源性疾病信息都是关于损失后果的信息。

（2）关于风险事件发生、发展的信息。相当多的有害因素并不是天然的存在食品中，而是人为因素导致有害因素被添加到食品中。人为因素通常表现为食品生产经营者故意实施某种行动或者消极不采取恰当的措施，为风险因素引发损失创造了条件。这类关于食品生产经营者行为的信息属于动态风险信息。

静态风险信息并非稳定不改变，食品中有害因素的集合是一个开放的集合，关于新发现的有害因素信息也属于静态风险信息。另外，食品科学和医学临床研究不断修改这一集合，对已知的有害因素的认知可能会发生变化，如安全剂量被修改等。有关于有害因素变动的信息呈现动态性，但变化速度相对于损失后果和风险事件的信息而言相对较慢。例如，在三聚氰胺尚未发现对婴幼儿肾脏损害之前，所有关于三聚氰胺的信息并没有作为食品风险信息，发现三聚氰胺具有危害、在婴幼儿奶粉中检出三聚氰胺和损失后果等信息成为动态风险信息，但三聚氰胺短时间内没有作为常规的监测品类，也没有把三聚氰胺列入食品安全的有害因素。随后，有关三聚氰胺的信息被大量收集和分析，三聚氰胺对人体健康的影响被证实，三聚氰胺危害人体健康成为静态风险信息。事实上，何种因素是有害的，有害因素被视为食品安全的风险因素既是一个科学研究的过程，也是在实践中逐渐发现的过程，相当多的有害因素对人体的损害是一个长期积累的结果，或者与其他因素叠加，并没有被学界和公众认识到其危害性。

静态风险信息与动态风险信息的分类是针对风险信息的。保险学中，对风险的一种分类是静态风险和动态风险。静态风险是由于不可抗拒力或人为错误引发的风险，如台风、盗窃。静态风险对某个当事人而言，可以回避，但无法阻止其发生。例如空难、地震。不在飞机上的人和不在当地的人，可以回避这类风险的损失，但人们难以阻止事件的发生。静态风险又称纯粹风险。动态风险常用于经济活动中的风险描述，如由于市场、技术、需求等变化导致企业的经营风险。动态风险随着时间推移而变化，呈现动态性。市场活动的主体，可以采取措施回避动态风险。静态风险信息和动态风险信息是基于信息更新的速度对信息的分类，而静态风险和动态风险是对风险的分类。静态风险信息并不是关于静态风险的信息，而是呈现静态、更新慢的特征的一类风险信息。动态风险信息在一段时期后，可以转化为静态风险信息。而静态风险和动态风险是不能转化的。

第二节　风险信息的结构化定义

食品安全的风险信息来源多，信息格式多样。在风险信息识别的特定目标下，自动化的处理要求对风险的结构化表示提出了新的需求。为了实现多源信息的融合，以及信息到知识和智慧的自动推理，需要对信息进行规范化描述。本节讨论风险信息的规范化描述，建立风险信息的结构化模型。规范的信息描述是实现基于语义的多源异构信息获取与利用的基础作为一类信息，风险信息自然也拥有与其他类型信息相同的外部特征，例如信息源名称、信息发布地点、信息发布日期和时间、信息获取日期和时间等。风险信息的外部特征具有共同性，可以借鉴其他信息资源的元数据体系，不过这不是本书的主要研究内容。本节主要讨论构建风险信息内容的结构化模型。

一、风险信息的规范化描述

本书定义了风险链条和静态风险信息，静态风险信息是对风险链条的描述。在食品安全研究领域，风险描述是与之最接近的概念。风险描述是风险评估的步骤之一。风险描述是在危害识别、危害描述和暴露评估的基础上，对评估过程中的不确定性、危害发生的概率、对特定人群健康的影响作用的定性和定量的分析。危害识别的结果是有害因素集合，危害描述是对损失后果的描述，风险描述则是对整个风险链条的描述。风险描述的成果反映在各种食品安全标准中。例如，国际通行的食品安全标准是食品法典标准（CAC 标准）。该标准制定了数百种食品的检测标准，对 100 多种农药、1000 多种添加剂等进行了评估，共有近万个与食品相关的具体标准，包括农药残留标准、各类污染物的限量标准等[①]。

在消费品质量安全的研究中，通常将消费品质量安全影响因素分为环境因素、人的因素和产品因素。在此基础上，杨跃翔等（2014）将消费品质量风险信息分为核心数据集合附加数据集，核心数据集中包括基础信息、危害源信息和伤害信息，附加数据集是对核心数据集的补充和详细描述。危害源信息和伤害信息大致对应本研究中有害因素和损失后果的信息。危害源信息包括心理因素、生理因素、行为因素、物理危害、化学危害、生物危害、室内环境危害和室外环境危害[②]。人身伤害信息包含伤害类型、伤害程度和伤害原因。基础信息包括产品名称、生产厂商名称、消费者年龄、消费者性别、使用环境基础信息、事故发生时的活动信息等[③]。

杨跃翔等处理的消费品质量安全信息主要内容是消费品质量安全事故信息，事故信息描述包含问题描述、处置方式和处置结果，结构化的定义如下：

$$Y = \langle X_1, X_2, X_3, X_4 \rangle$$

X_1 是指消费品质量安全事故的主题属性，X_2 是消费品质量安全事故的特征信息，X_3 是对质量安全事故的处置方式的描述，X_4 是事故的评估和总结。X_2 是核心信息，必须是非空集合。

这个结构化定义较为宽泛，这是为了适应多种信息源的采集、整理和融

---

① http://www.fao.org/fao-who-codexalimentarius/codex-home/en/.

② 中国标准化委员会. GBT 13861-2009. 生产过程危险和有害因素分类与代码［S］. 北京：中国质检出版社，2014.

③ http://cdrwww.who.int/violence_injury_prevention/publications/surveillance/surveillance_guidelines/en/.

合需求。信息源可以包括投诉举报信息、执法监管信息、监测检验信息、媒体信息、国内外食品相关机构组织的通报信息等。

高永超等（2015）采集新闻报道中的食品安全信息，规定风险信息存储格式包括的字段有发生时间、地区、食品名称、危害物名称、危害。描述危害的词语有"致癌""降低免疫力""中毒"等。

本书定义的风险信息与之有所不同，风险事故主要是对已经造成损失的描述，而本书定义的风险信息是基于风险概念的，还包括对未发生损失的风险事件的信息。静态风险信息与动态风险信息所描述的内容也有较大差异，因此下面分别对静态风险信息和动态风险信息进行结构化描述。

二、静态风险信息的五元组定义

本章第一节对风险进行了定义，依据该定义和信息的变化速度对风险信息进行了分类。静态风险信息是关于风险链条的信息。有关食品安全的静态风险信息可以被定义为一个五元组。

$$\text{Infor}_{static} = (\ h_i,\ c_{ij},\ d_{ijk},\ p_{ijk},\ s_{ijk}\ )$$

h_i 是有关风险因素的信息，c_{ij} 是该风险因素导致损失的条件，d_{ijk} 是风险因素 h_i 在 c_{ij} 条件下导致的 k 类损失，p_{ijk} 表示该损失发生的可能性，s_{ijk} 是损失系数的信息，表明了该风险的损失的规模。本书对该五元组模型做如下更详细的解释。

（1）五元组中每一个元素代表了一类信息，不能理解为数据表中的数据项。h_i 是有关某个风险因素的信息，该信息可以包含风险因素的专业术语名、异名、化学特征、物理特征等。s_{ijk} 是损失系数的信息，可以包含以下信息：含有相应风险因素的消费数量、消费人群、产地分布、消费区域等。如果构建实用性的系统，可以把信息区分为核心信息和附加信息。如有害因素名称，专业术语名可以作为核心信息，各种异名或者特征，可以作为附加信息。损失系数的计算结果可以作为核心信息，与计算过程相关的数据项可以作为附加信息。

（2）在该五元组定义中，本书特意使用下标表明了五个元素之间的密切对应关系。例如，d_{ijk} 是风险因素 h_i 在 c_{ij} 条件下导致的 k 类损失信息。j 的不同取值代表不同的条件，对应不同种类的损失，即使同一条件下，利益主体可能不同，同一利益主体可能遭受不同的损失类型，使用 d_{ijk} 表示不同利益主体对应的损失以及同一利益主体的不同损失的信息。

（3）五元组中的五个元素对于风险评估和风险分析都非常必要。缺少其中的一项信息都会影响对风险的识别和评估。例如，缺少 d_{ijk} 信息或信息不完整、不准确，导致风险管理者完全没有认识到某类有害因素的危险性，或者不能采取有针对性的风险控制措施以保护特定的人群。缺失 s_{ijk} 信息或信息不完整、不准确会影响到风险的定量评估。

（4）该定义对风险识别和分析是必要的，但并不是绝对完整的，一些信息并没有包含在内。例如同一食品品类对应的商品名称，不同品牌产品的生产规模、消费区域等。这一类信息是食品安全的监管者在风险评估和风险控制阶段需要的信息。这类信息是连接动态风险信息和静态风险信息的桥梁。

这个定义的主要作用在于为非结构化文本数据转换为结构数据提供了一个框架。五元组的形式化描述是一个基本的数据库概念模型，既可以据此构建数据表和数据库，数据被采集并存储到数据库中后，也可以使用数据库管理系统（DBMS）和数据分析工具进行处理和分析。

三、动态风险信息的四元组定义

动态风险信息是关于风险链条中关键要素变化的信息。风险要素包括风险因素、风险事件和风险结果。本书使用四元组来描述动态风险信息。

$$Infor_{dynamic}=（\,e_i,\ v_{ij},\ o_{ijk},\ r_{ijk}\,）$$

e_i 表示主体，是行为或状态发生变化的主体，即实施者。v_{ij} 表示行为，是主体的行为或者状态的描述。o_{ijk} 表示对象，是行为施加的受事。r_{ijk} 表示关联关系，是该实体和事件与风险链条中某一元素的关系。

动态风险信息的意义是描述风险链条中的关键要素，因而其主体类型就有多种。

第一种是以食品生产经营者为主体。描述食品生产经营者的行为。这类信息经常是风险因素出现的潜在原因。对应的行为是实体的行为或者状态的描述，既可以是积极行为，如"掺杂假冒伪劣（原料）""添加过量（添加剂或违禁品）"，也可以是消极行为，如"不采取消毒措施"等。对应的受事可以是食品原料、添加剂、有害因素等。

第二种以风险因素为主体。风险因素如"大肠杆菌"等。对应的状态是该有害因素是否出现，以及出现的数量和变化的程度。

第三种是损失后果。对应的状态是损失后果出现和蔓延程度。

第四种是以食品品类为主体，对应的状态是对品类质量的描述。

由于主体的类型不同，对应的行为和受事也不同，为了区别不同类型的主体并与静态风险信息关联，引入关联关系。关联关系是实体及其行为与风险要素的关系。关联关系是一个三元组〈动态元素，关系，静态元素〉。例如当实体是餐饮经营者，行为是"不消毒"，对象是"餐具"，其关联关系可以描述为"餐具，具有，生物性有害因素"。当然，生物性有害因素是个统称，也可以具体到某一种有害因素的名称。本书对于四元组模型还有如下说明。

（1）元素的下标表明了元素间的密切关系。同一个主体可以有多个行为，同一行为也可以对应多个受事的对象，产生多个不同的关联关系。

（2）该四元组模型中，实体和事件都可以从新闻、微博、报告等文本数据中抽取。关联关系有些可以直接抽取，抽取不到的则需要进行标注。直接抽取的关联关系是食品生产者对有害因素的直接操作行为，例如"在生猪养殖过程中使用瘦肉精（如盐酸克仑特罗）"。假定对象"盐酸克仑特罗"已经被列入有害因素列表，因此〈瘦肉精，出现，盐酸克仑特罗〉是一种关联关系。

（3）该四元组中，主体、行为两个元素是必需的，对象是或有的元素。有些主体和行为可以没有实施对象，如〈厨房，脏乱〉。

第三节　风险信息的情报分析过程

借鉴情报工程的理论，本书将食品安全管理中对信息的处理过程视为一种情报分析的过程。情报服务的工程化流程要素包括数据资源、方法工具和专家智慧，对应资源组织、数据加工和信息服务三个环节（潘云涛和田瑞强，2014），如图3-3所示。本节将按情报工程的要素和环节构建食品安全管理的信息处理模型。

在情报工程中，专家智慧是情报服务的最后一个环节，在实践中，情报服务人员一般与用户合作组成专家团队。在食品安全管理中，专家智慧应该主要来自食品行业的专家。本书主要关注从数据资源到方法工具这一流程。

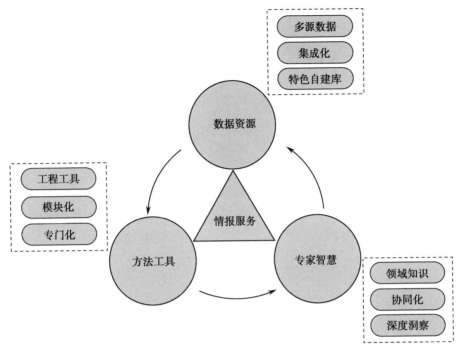

图 3-3　情报服务的工程化流程

一、风险信息管理模型

本节依据风险管理的步骤，借鉴情报工程的信息分析方法，构建风险信息管理模型来说明两类风险信息的交互关系。

风险管理的核心步骤是风险识别、风险分析和风险控制。食品安全管理部门作为食品安全的监管主体，实施风险管理也必然遵循这些基本步骤。风险识别步骤主要完成收集有害因素的信息、收集有害因素是否扩散到食品中的信息，以及食品安全事故的发生、进展情况。在风险识别后，进行风险分析，评估损失大小，以及损失的蔓延趋势。然后进行风险控制，采取恰当的决策，减少损失。

以食品药品监督管理部门为主体的食品安全风险管理对应的基本信息流如图 3-4 所示。以政府食品监管部门为主体的食品安全风险管理中的信息流是一个闭环。监管部门制订风险监测计划，从下属机构和平行的相关机构（农业部门、卫生医疗部门）收集信息，源信息经过信息采集和信息处理后，进入风险识别和风险分析过程。在这一步骤，本书将信息分为静态风险信息和动态风险信息。静态风险信息更新较慢，一般在一年内或多年内少有变化，其内容是对风险链条的描述，而动态风险信息有两类，主要的一类是关于风险事件的信息，另一类是关于有害因素及整个风险链条的信息。收集静态风险信息的过程等同于风险管理中风险识别的过程。

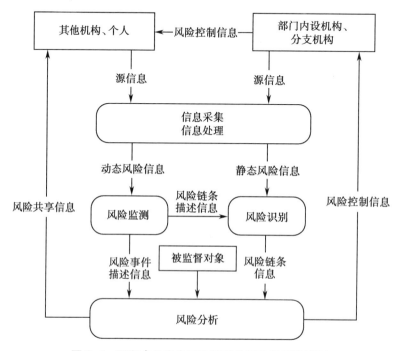

图 3-4　面向食品安全风险管理的风险信息流模型

资料来源：笔者整理。

风险监测主要处理动态风险信息，如果该动态信息是关于风险链条的，则该信息移送至风险识别步骤处理。如果该信息是关于风险事件的，则进行进入风险分析过程处理。风险分析过程融合风险链条信息、风险事件描述信息和被监督对象的相关信息，对风险进行损失度量，评估可能性，进而采取相应的风险控制措施。风险分析之后，风险控制信息可能被传送到食品监管部门的内设机构和分支机构，执行必要的风险控制措施。同时有关该风险的信息也会共享给新闻媒体、相关食品生产企业等其他机构和个人。有关食品生产经营企业会接到行政管理信息，如停业整顿通知等。风险信息以不同的内容和形式在风险管理中传递和处理。

在风险监测步骤，采集的信息源可以非常丰富。本书主要讨论从微博中获取风险信息。从微博中获取风险信息的主要过程如图 3-5 所示。以风险管理对象作为采集依据，选择合适的采集策略从海量微博中采集到相关微博，然后结合静态风险信息进行风险信息元素的抽取，最终得到动态风险信息的元素。

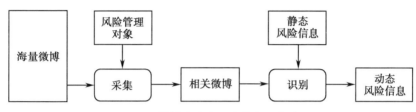

图 3-5　微博中动态风险信息采集过程

资料来源：笔者整理。

风险信息的获取流程包含两个关键过程，一是数据采集，二是元素抽取。数据采集是从信息源中获得原始数据，元素抽取是从原始数据中获得动态风险信息的各要素。第二个过程实现从数据到信息的转化。第四章和第五章将分别讨论这两个过程的实现方法。

两类风险信息既有区别，又有联系。如果可以对风险信息进行要素抽取，将风险信息的处理粒度从篇章、句子细化到元素层面，更有利于发现新知识。

二、资源组织

在复杂多变的社会环境中，正确的决策依赖于准确的情报，而情报所依据的信息应该是与该问题相关的多种渠道的信息。在情报加工流程中，数据不仅是数值数据、知识数据，还包括法律法规数据、新闻报道数据、多媒体数据和软件数据等。搜集数据采集的范围和实现对大规模、异构化数据的聚合和组织是情报工程中资源组织的重要任务。

施颖（2013）构建了通用的产品质量安全风险信息快速收集系统（Rapid Collect System for Risk Information，RCSRI），如图 3-6 所示。为了全面及时地收集产品质量安全风险信息，该系统产品风险信息来源由产品伤害发生前后两部分组成。产品伤害发生之前，信息源是政府部门对产品进行抽样检验的信息；产品伤害发生之后，主要信息源是医院、行业行会、社会媒体、消费者等反馈的信息。

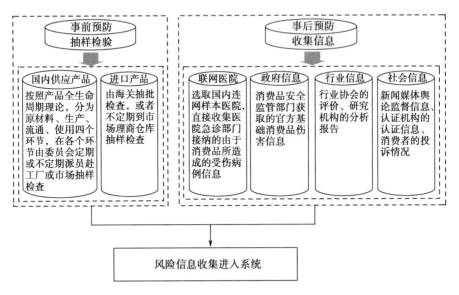

图 3-6　产品质量安全风险信息快速收集系统

国内外研究食品安全的学者根据信息来源的不同，通常将食品安全信息分为三类：厂商主导的信息、消费者主导的信息以及第三方信息，这也表明厂商、消费者和第三方都是重要的信息源。厂商的信息主要包括产品包装、店员和广告等的信息，消费者作为信息源主要提供亲人朋友以及自身消费体验的信息，第三方主要包括政府部门、新闻媒体以及社会团体等。一些研究表明不同来源的食品安全信息会对消费者的食品安全认知和消费行为产生不同的影响。Hornibrook、Mc Carthy 和 Fearne 以消费者对牛肉产品信息的认知为案例进行研究，结果表明，各信息源的重要性依次为自身体验、亲人朋友的体验、质量认证标志、产品包装、店员、货架标签、报纸杂志、广播电视、电视节目和政府机构等，该研究认为最重要的信息源是消费者，其次是厂商，而重要性最低的是第三方信息源（李菲菲，2012）。在对信息源的研究中，大部分国内学者比较关注政府职能部门发布的食品安全信息，对厂商发布的信息和消费者发布的信息的研究不足，在实践中对厂商和消费者发布的信息利用也不多见。参考国外学者的研究结论，应该充分重视消费者提供的信息。

胡卫中、齐羽和华淑芳（2007）发现12种有效的食品安全风险信息源，其中最有效的信息源是卫生部门、质监部门和消费者协会，其次是消费者发布的信息（胡卫中、齐羽和华淑芳2007）。消费者发布的信息是重要的风险信息来源。

现有的风险识别的方法主要是为了收集静态风险信息，即关于风险链条的信息。然而在食品安全监测领域，风险监测更侧重于收集和处理动态风险信息。2010年，由原卫生部会同工业与信息化部、商务部、国家工商总局、国家质检总局、原国家食品药品监督管理局等六部门制定并下发《国家食品安全风险监测计划》[①]，该计划随后每年更新，其监测计划包括食品中化学物和有害因素监测、食源性致病菌监测及食源性疾病监测3项主要内容。前两项是对风险事件的监测，后一项实质是风险链条的识别。通过食源性疾病，获取有害因素和有害食源性病菌。在《国家食品安全风险监测计划》中，检测哪些有害因素是每年更新的，这也印证了风险链条信息的静态性特点。

食品安全具有全球性特征。WHO等国际组织、欧盟和各国的食品药品管理机构都会共享一部分信息。在互联网上，可以获取到食品安全相关的各种标准、最新的监测结果、毒理学报告等。

美国、欧盟等国家和地区也建立了各自的食品安全风险监测体系。欧洲食品安全局还负责对食品链相关的危害进行评估，并将有关食品危害的信息告知公众。欧洲的一些国家各自建立了食源性疾病监测体系，并通过大肠杆菌监测网（Enter-Net）等渠道分享信息[②]。该监测网提供多起跨国发生的疾病暴发事件，并对其进行了调查和干预，为欧洲的食源性疾病管理发挥了作用。

在食品安全风险管理中，风险事件是否发生以及涉及的范围是最重要的信息之一，时效性最强。监管部门主要通过检测机构抽检和对企业的巡查来发现此类信息。由于生产企业数量大，产品种类多，检测部门的抽样和监测能力有限，因此风险信息的及时和全面获取成为监管工作的难题。

根据风险信息的披露或掌握主体不同，将产品风险信息的主要来源分为政府部门、消费者、企业和其他相关组织（李文琼，2014），食品安全风险信

---

① 李海强.6部门联合印发2010年国家食品安全风险监测计划［J］.中国食品，2010（8）：92-92.

② http://www.eurosurveillance.org/ViewArticle.aspx? ArticleId=73.

息的资源分散在以下来源中：

（1）政府部门。主要是国内外与食品安全监管相关的政府部门发布的食品监测检验信息，食源性疾病信息和重大食品安全事故等。该类信息的特征是权威性高。

（2）消费者。主要是消费者通过电话、互联网、书信等方式向相关部门提供的涉及食品安全的反馈和举报信息。该类风险信息具有主观性强、冗余度大（重复）的特征。

（3）企业。主要是企业在产品设计、生产、流通等过程中发现的食品安全风险信息。这类信息的公开性差，通常只是在企业或行业内部流转。

（4）其他相关组织。科研院所、专业检测机构、学术团体、医院、伤害事故鉴定机构、消费者维权机构以及专业媒体机构等组织。其风险信息大多具备公开性强、权威性强的特征。

政府、企业、科研机构之间的信息传递也并不顺畅，企业与政府之间存在信息壁垒。2016年8月至9月，笔者对规模较大、知名度较高的食品生产企业、食品原料生产企业和餐饮经营企业进行了调研。调研选择了山东西王糖业有限公司、西王食品有限公司和烟台中心大酒店天伦食府，完成了对管理人员和一线员工的访谈及问卷调查。调研发现，企业风险信息的来源渠道很多，例如：行业协会、同行交流、政府的信息推送等。两家企业的管理层都重视风险相关的信息收集，信息来源渠道有限，而且没有形成制度。西王集团没有对互联网信息的全面有计划地收集，各部门分散收集信息、分散处理信息。食品安全方面的信息主要依赖行业协会和客户，也有来自政府有关部门主动推送的信息。管理层依据工作经验，通过行业协会和管理层微信交流，定期访问专业网站（如中国畜牧门户网站），新闻网站（人民网、凤凰网），以微信群交流各类负面消息。这类信息交流是自发的而不是常规工作。一线员工并不参与风险信息的收集。两家企业在风险识别中分别依赖国家法规和认证体系，对静态风险识别较好。由于缺少对整个供应链信息的有效收集渠道，对突发的动态风险反应较为迟钝。供应链管理依据索证完成，既没有更多的信息收集渠道，也没有专职的信息收集人员去完成这项工作。

威胁食品安全的有害因素也是不断被发现，有关有害因素的信息可以从科研数据库获取。例如，三聚氰胺在婴幼儿奶粉中被检出，并大规模发现其对婴幼儿的伤害是在2008年，然而，早在2007年邵静君等就综合了多项研究结果，指出了三聚氰胺的危害 ①。论文报告了美国食品药品管理局从进口的部分小麦蛋白粉和大米蛋白粉中检出三聚氰胺等成分，指出，三聚氰胺添加到宠物食品中，可提高饲料的氮含量，部分食品从业者以此认为该饲料的蛋白质比较丰富。然而对狗、猫等动物身体的毒害生理机制的研究结果表明，三聚氰胺长期饲喂可能引起肾衰竭。尽管论文中提到目前还没有被认定有害人体健康，但是该论文的研究结论提供的信息显然是与人类食品安全有关的风险信息。

科研信息资源可以依靠科技情报研究和服务提供。信息资源主要有科技论文、发明专利等科研产出文献、政府和企业的研究报告和专利等、科技档案和科技进展报告等。大型数据库供应商能够提供各类文献的电子数据产品，如 Elsevier 的 Scopus 全文数据库，Thomson Reuters、CABI、EI、CAS、NLM 的二次文献数据库，如 Web of Science、Medline、EIVillage、CAB Abstract 等，ProQuest、EBSCO、Swets 等文献数据服务商可以提供指定主题的检索和文献推送服务。一些商业搜索引擎和科技情报服务机构正在努力建设涵盖多种数据来源的信息库。例如，加拿大科技信息研究所收集多个渠道的文献和文献目录，建立各种类型文献的全文数据库和文献目录数据库，涵盖了科技报告、会议论文、计划和规划、年度报告、案例库等信息资源。国内中国科学技术信息研究所建设了中国科技论文与引文数据库（CSTPCD）、学位论文数据库、中国专利数据库、中国科技报告数据库、成果档案数据库等集成化的数据平台。这些平台包含了国内外期刊、会议文献、科技报告、科技丛书、学协会出版物、学位论文、检索和工具书等类型的科技文献。各个数据厂商提供的产品和服务并不是统一格式和标准化的，数据的集成和融合还需要大量工作。

三、数据加工

大多数情报系统会综合使用多信息源的各种数据，将采集到的数据进行存储并建立数据之间的关联关系。在情报流程中，数据整理（Collation）的主要任务是根据情报的不同来源和背景资料，对信息进行组织，评估信息的相关性、可靠性，并结合目标推断其价值。

由于风险信息的数据源多，信息内容差异性大，信息的存储格式多样，因而数据加工的第一个步骤就是信息组织。信息组织要完成对信息的规范化描

---

① 邵静君，温家琪，徐世文 . 三聚氰胺毒理学研究进展 [J] . 现代畜牧兽医，2007，22（12）：52-54.

述和统一格式的存储，以方便下一步的处理。食品药品监督管理、质量监督管理部门的数据多为结构化数据，使用数据库系统管理，能够导出为一定格式的文本书件或数据库文件，而厂商、第三方的信息，尤其是互联网中的信息，大多是自然语言文本，这是非结构化信息。首先，在存储格式层面，需要进行统一处理，不同数据库的数据应以标准格式导出，并能够导入风险管理系统的数据库中。其次，语义层面，信息需要进行融合。信息融合的主要任务是解决命名实体融合。例如，厂商、产品和地区等都可能存在异名、俗称等，需要进行归一化。

风险信息的规范化描述是搭建风险信息管理数据库系统的基础，对实现风险信息的自动评估也至关重要。杨跃翔等把消费品质量安全风险信息按内容分为基础信息、危害源信息和人身伤害信息（杨跃翔、王理和蔡华利，2014）。基础信息包括产品名称、消费者年龄、消费场所等，危害源信息包含物理危害、化学危害、生物危害、心理因素和环境因素等。每一类信息都规定了数据项的名称、编码等。

从处理流程上分析，可信性或可靠性的评估可以使用三种方法：评估信息的来源、评估传递信息的过程、评估信息内容。

评估信息来源的可靠性有三个关键点：能力（Competence）、途径（Access）和既得利益或偏见（Vested Interest or Bias）（罗伯特·克拉克，2013）。对于任一条信息，评估其可靠性要考虑信息提供者是否具备提供有效信息的能力，如认知能力、数据获取和表述的能力等。例如司法实践中，法官首先要核实证人的民事行为能力和精神状态，以判断其提供的证据是否可信。在食品安全领域，一位讨论食物与疾病关系的医生提供的信息可信度较高，而如果一位经济学家提供的此类信息可信度就不太高。

消息源的途径评估是判断信息源是否拥有获取消息的直接渠道，而不是道听途说的二手信息或者根本不具备获取信息的途径。

多数信息源都存在既得利益或偏见。政府机构内部的信息或对外公开的信息也有类似的缺陷。信息源提供的信息是经过加工过的，尽管很少有明显的错误信息，但可能会隐瞒信息，以维护官员或组织的声誉或者其他利益。新闻媒体提供的信息则可能会夸大或以偏概全，以吸引读者。个人提供的信息可能是不具备一般性的、片面的、夸张的、缺少严格调查和论证。

相当多的信息源提供的并不是第一手信息，信息在到达该信息源之前就经历了一个或多个渠道，在这一过程中，信息不应该被扭曲，然而，完全忠实的信息传递几乎不可能。情报通信渠道会对情报传递产生负面影响，导致情报失真。在接收和转发信息过程中，信息渠道会主动处理信息，信息接收方会利用各自的知识结构和认知能力对信息进行过滤和加工，以适合下一接收方的需要，双方对任务目标理解不一致，也会导致对信息加工的偏差，从而使信息失真更严重（刘晓峰，2006）。

如何基于信息内容评估其可靠性？冯维扬（2001）在解决企业竞争情报真伪辨别中，认为信息内容可靠性与直接信息、征兆信息和环境信息这三种信息之间存在着密切的关系，通过对这三种信息的综合分析，可以得出判断信息真伪的重要参考依据。

四、食品安全风险管理中的信息流程

我国食品药品监督管理总局发布的机构职能，其职能之一是"建立食品药品重大信息直报制度，并组织实施和监督检查，着力防范区域性、系统性食品药品安全风险"[①]。可见，实施风险管理的主体是食品药品监督管理部门。本节以食品药品监督管理部门为主体，以风险管理为目标，分析食品药品监督管理部门的信息需求。

情报学研究者泰勒（Taylor，1968）提出了位于连续图谱上的信息需求的四种状态：①真实但尚未表达出来的需求（Visceral）；②在头脑中对需求的自觉描述；③对需求的正式申明；④妥协的需求（Compromised Needs）。这一理论提示了相当多的信息需求没有被个体认识到，或者认识到了没有明确的表达。尽管该理论是对个体的研究，由于机构是由个体组成的，因此的信息需求也会有不同的状态。在该理论的指导下，本节首先分析食品药品监督管理部门的信息需求。

风险管理的首要步骤是风险识别，而风险识别的基础是对风险的准确定义和理解。本书分析了风险的本质，得到结论，风险的要素包含风险因素、风险事故和损失。对风险的识别就是寻找确定风险链条，而风险链条是关于事件发生，导致利益主体损失的描述。风险信息就是对风险链条及其组成要素的描述。

---

① 资料来源：国家食品药品监督管理总局，http://www.sda.gov.cn/WS01/CL0003/。

在食品安全管理中，风险的利益主体是公众，利益损失是公众的健康。风险因素就是危害健康的根本因素，通常被区分为生物性危害因素、化学性危害因素和物理性危害。危害因素是食品安全管理中最为关注的，研究成果丰富但依然不足。事件是某种危害因素在食品中出现并超过了一定的剂量标准。

我国食品安全由多个部门分段管理。食品安全风险信息分散在多个部门。目前，国家质检总局有一套部署在全国质检系统的风险监测体系，卫生部门有食源性疾病监测系统，国家食品药品安全局有各种有害因素的监测计划和信息发布方案。各部门的信息资源共享成为当前一个需要解决的问题。目前我国缺少一个由政府负责管理的综合各方信息源的信息发布平台。由于信息发布分散，信息共享就不便利，公众需要关注多个不同政府机构的网站才能完整获取食品安全信息，获取政府发布信息的难度就增加了。

质检部门关于食品的风险监测是食品中有害因素的剂量信息，属于关于风险事件的信息。卫生部门对食源性疾病的监测，得到了损失后果的信息，以及有关危害因素引发损失的规则信息。可见，实施风险管理的主体是食品药品监督管理部门，而与食品安全风险信息却分散在不同部门。

食品药品监督管理部门对风险事件相关信息的采集明显不足。在市场经济发达的社会，食品生产、经营、流通的主体是企业，因此食品风险的事件中，企业成为重要的责任主体。企业的生产、经营行为与食品安全密切相关。一切企业生产、经营行为的信息都是食品安全风险信息。

损失后果信息不足且滞后。依靠医疗机构采集的损失后果信息会明显滞后。消费者在遭受健康损失后，未必去医疗机构就诊，即使去医疗机构就诊，医疗机构未必将疾病原因与食品关联起来。

基于以上分析，可见食品药品监督管理部门的信息需求是多层次的，对动态风险信息的采集仍显滞后和不足。

第四节　风险信息元素抽取与融合示例

为了实现信息的自动加工处理，本书对风险信息进行了结构化定义，提出了风险信息的管理流程模型。在从数据到智慧的处理链条中，仅完成了从数据到信息的处理过程。从信息到智慧还需要把多来源的信息进行融合处理，提供给管理者有效支撑决策的信息。本书将展示对风险信息进行元素抽取后的样例，以及两类风险信息元素融合产生的意义与价值。

本节讨论的信息融合与 Web 信息融合这一概念相似但有差异。Web 信息融合是合并不同来源的 Web 信息，其目标是为用户提供汇总后的浏览结果。Web 信息融合包括两个方面的研究内容：检索结果融合和 Web 文档的知识融合。本节讨论的信息融合与 Web 文档的知识融合信息处理过程和对象相似，差异在于处理的目标，Web 文档的知识融合的对象是网络中的文本，其目标是消除知识的冲突、冗余和不完整性，为用户提供一致性的知识，而本节讨论的信息融合的目标在于发现新知识并支持管理决策。

本节将首先通过一个动态风险信息与静态风险信息融合的样例，说明信息融合的过程和价值。然后讨论信息融合的自动化实现方法。

风险管理中的信息可以区别为静态风险信息和动态风险信息。静态风险信息来自可靠性强的信息源，而动态风险信息采集自不同来源，可靠性也参差不齐。不同来源的信息进入智能情报系统后，必须进行信息融合，信息要进行关联，需要进行信息有效性的评估。例如，在食品安全风险信息管理中，静态风险信息的样例如表 3-1 所示。而从社交媒体中采集到的动态风险信息的结构和内容如表 3-2 所示。

表 3-1　静态风险信息样例

风险因素	损　失	条　件
空肠弯菌	人的致病部位是空肠、回肠及结肠。主要症状为腹泻和腹痛，有时发热，偶有呕吐和脱水	（新西兰）禽肉—烟熏中空肠弯曲菌的残留限量规定
	细菌有时可通过肠黏膜入血流引起败血症和其他脏器感染，如脑膜炎、关节炎、肾盂肾炎等	（荷兰）所有食品—不含未加工生食及消费前需再加热食品中空肠弯曲菌的残留限量规定
蜡样芽孢杆菌	产生肠毒素，食物中毒在临床上可分为呕吐型和腹泻型两类，中毒症状以恶心、呕吐为主，偶尔有腹痉挛或腹泻等症状	（加拿大）婴幼儿食品—粉状配方中蜡样芽孢杆菌的残留限量规定
		食前由于保存温度不当，放置时间较长或食品经加热而残存的芽孢以生长繁殖的条件

风险因素	损　失	条　件
单核细胞增生李斯特氏菌	该病的临床表现为健康成人个体出现轻微类似流感症状，新生儿、孕妇、免疫缺陷患者表现为呼吸急促、呕吐、出血性皮疹、化脓性结膜炎、发热、抽搐、昏迷、自然流产、脑膜炎、败血症直至死亡	（挪威）肉—切片及切碎制品用于三明治，真空包装中单核细胞增生李斯特氏菌的残留限量规定

资料来源：笔者整理。

表 3-2　动态风险信息样例

主体	行　为	对　象
两个孩子	出现	恶心、头晕、四肢无力的症状
四肢	无力	—
最近一次购买的玉米肠	出现	霉菌的情况
泡面伴侣火腿肠里面	有	这东西
里面	是	虫卵

资料来源：笔者整理。

　　动态风险信息是否表明了一个风险事件的发生，揭示了什么类型的风险因素，这需要将动态风险信息与静态风险信息关联，然后提供给管理者进行决策。在表 3-1 的样例中，通过关联，恶心等症状可能是与空肠弯曲菌、蜡样芽孢杆菌有关系的，将这两者关联并形成风险信息提示，有助于管理者决策。

　　图 3-7 展示了动态风险信息元素与静态风险信息元素的信息融合结果。有害因素会导致各种损害健康的症状，对应不同的易感人群。这些都属于静态风险信息。而孩子吃过火腿肠，出现恶心、呕吐、四肢无力等症状，提示了可能的有害因素存在，而有关火腿肠出现霉菌的事实同时呈现给管理者，提供管理者进行风险管理决策。

　　两类信息融合最直接和最简单的关联方法是按字符进行检索。可以将动态风险信息中的词语在静态风险信息中进行检索。这种方法容易实现，检索速度快。动态风险信息与静态风险信息融合示意图就是采用此方法制作的。

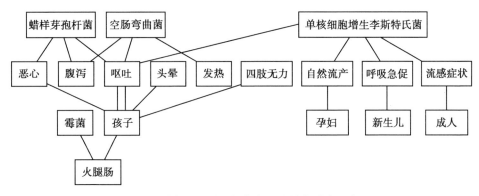

图 3-7　动态风险信息与静态风险信息融合示意图

资料来源：笔者整理。

字符匹配方法没有考虑概念融合。概念的信息检索系统需要一套知识管理系统，即 KOS（Knowledge Organization System）。静态风险信息大多是规范术语表达的，而动态风险信息的语言风格是多样的，来自社交媒体的信息并不太可能使用专业术语。而且，这样的检索没有考虑近义词和同义词。网络化的知识呈现需要概念的信息检索过程。概念的检索依赖于概念知识系统，而概念知识系统是由概念和它们之间的语义关系组成，语义关系是组合关系或聚合关系，其聚合关系有三种对等、层次和其他关系。层次是 KOS 中最重要的关系。它包括基于逻辑的 hyponym-hyperonym 关系（上下位），基于对象的 meronym-holonym 关系（部分与整体）以及实例关系。对 KOS 设计而言，关系的传递性非常重要。基于此，构建一个概念知识系统是非常复杂且是一个系统性的工程。

本体技术已经被应用于食品安全预警，可以实现诉文本分类，事件信息抽取，内容搜索和语义检索。本体技术的可行性和效果已经被证明，所需要的是一个完备的本体知识系统，前述研究都使用了无监督的算法如关键词抽取的方法构建本体，并未充分发挥本体方法的优势。

综上所述，信息融合能够实现知识发现，以辅助决策。信息融合可以使用简单方法实现，但实现高层次和更精准的信息融合需要借助本体或其他概念知识系统，构建这些知识系统已经有可行的方法。对风险信息的分类和元素抽取是必要的，能够实现对信息的细粒度化处理，从而充分挖掘信息的价值。

第四章　社交媒体信息源特征与数据采集

风险信息有多种信息源，如新闻、食品相关管理机构或第三方的通报和研究论文等。本书准备采用基于社交媒体的信息分析方法应用于风险信息获取，提高管理者对食品安全相关信息获取与分析的效率，又因为社交媒体数据的采集和处理有一些独特的方法，因而本章需要先介绍互联网中专业机构信息资源的特征，然后介绍社交媒体的特性、获取方式和分析方法等。

第一节　专业机构的信息资源特征

网络信息资源可以按照网络类型分为局域网信息资源、联机检索信息资源和互联网信息资源。互联网信息资源是基于一些共同的网络传输协议，通过路由器等网络设备和通信线路联结，集成信息资源并实现信息共享的平台，按网络传输协议可以分为基于超文本传输协议的万维网（World Wide Web，WWW）信息资源，基于文件传输协议（File Transfer Protocol，FTP）的信息资源，流媒体信息资源，P2P 信息资源和其他如 Telnet、邮件组信息资源等（张俊慧，2015）。本章讨论的互联网信息资源是指互联网中正式出版或半正式出版的信息，这些信息资源是由国际组织、政府、行业协会、学术团体等机构维护的，不含维基、微博、社区等非正式组织和个人发布的信息资源。

基于情报工程的思想，信息的采集与处理尽可能是自动化的。本节考察互联网数据资源的特征，将参考开放数据的标准。

开放数据（Open Data）原本是互联网时代政府信息公开的一种理念和实践。美国政府的研究机构对开放数据的定义包含三要素：一是公众可获取的；二是完整性，能够被用户完整观测；三是使用便利，方便使用的数据（Executive-office-of-the-president，2014）。与开放数据相关的另一概念是关联数据（Linked Data）。实现数据的开放之后，为了更方便的机器读取和人机交互，以及解决多来源数据的共享利用，需要对数据进行加工和组织，将不同来源的数据进行语义关联，建立概念层次体系，解决歧义和异名等问题，实现语义处理（刘炜，2011）。关联数据的关键是标准化和可操作性，一般采用 RDF（资源描述框架，Resource Description Framework）作为数据模型，利用 URI（统一资源标识符，Uniform Resource Identifier）命名数据实体，以 HTTP（超文本传输协议，Hypertext Transfer Protocol）传输数据。

2007 年，开放数据工作组提出政府开放数据的 8 个基本原则和 7 个附加原则（Open-government-data-working-shop，2007）。8 个基本原则是：①完全开放（Complete），针对数据开放的范围，除涉及隐私、公共安全外，各类数据尽可能开放；②原始数据（Primary），针对数据的处理链条，数据应该是源头采集到的原始数据，而不是被修改或加工过的数据；③及时（Timely），针对数据发布的时效性，应该及时开放和更新数据；④可获取（Accessible），针对数据开放的渠道，建议使用互联网作为渠道，并允许机器自动采集网页数据，以保障更多的用户可以获取该数据，不受时间、空间限制；⑤可机读（Machine Processable），针对数据的发布格式，数据应该是流行的存储格式，可被计算机自动抓取和处理；⑥非歧视性（Non-Discriminatory），针对数据的获取对象，数据对所有人都平等开放，允许匿名获取；⑦不设权限（Non-proprietary），针对数据的读取与传播，不应该限制部分字段的读取或者限制数据的复制与传播；⑧免予授权（License-free），针对数据的法律和经济权益，数据不受版权、专利、商标或商业秘密法律规则的约束或已得到授权。7 个附加原则是：①在线或免费（Online/Free），数据获取不需要费用，或至少不超过复制的边际成本；②持续性（Permanent），数据应尽可能以一种固定的数据格式较长时间保存在一个恒定不变的互联网地址中；③可信任（Trusted），这是指数据应包括数字签名或出版 / 创建日期、真实性和完整性认证，数字签名帮助公众验证数据源，验证这些数据是否在公布后修改；④开放的惯例（Presumption of Openness），该原则旨在促进更多数据开放，减少数据开放的阻力，但数据开放的惯例仍然依赖于法律、数据管理的制度和数据目录工具；⑤附加文档（Documented），旨在保证数据可用，要求开放数据的同时，附加对数据格式和数据意义的解释；⑥安全性（Safe to Open），数据文件不包含可执行代码，确保数据没有计算机病毒；⑦基于公众的设计（Designed for Public Input），在为公众提供应用服务时，采取何种信息技术应充分考虑公众的主体地位。

以上 15 个原则是针对政府数据开放的，基本涵盖了数据开放与获取的各个层面和角度，本书在此基础上，确定以下评价标准：

（1）及时，数据是否动态更新。

（2）非歧视性，是否允许匿名访问数据。

（3）免费，获取完整数据是否需要缴费。

（4）附加文档，是否有关于数据的解释，或者对信息的更多说明。

（5）检索功能，是否提供高级检索。

（6）API 调用，是否允许使用 API（应用程序接口）实现数据的查询和调取。

（7）可机读格式，数据格式是否为流行的存储格式，或者方便被机器抓取。

（8）数据下载，是否允许数据下载。

食品安全的网络资源非常丰富，既有关于食品添加剂、农药、兽药、微生物、化学药物的专业型网络资源数据库，也有综合型网络资源数据库（孙兴权等，2014）。这些网络资源按维护机构可以分为 WHO 等全球性国际组织、欧盟等区域性国际组织和各国政府及科研机构（Gilardi L and Fubini L，2005）。

食品伙伴网（http：//db.foodmate.net/）由烟台富美特食品科技有限公司建设并维护。食品伙伴网与食品行业相关媒体、监管部门、企业、第三方服务机构等建立了联系，为食品行业从业人员和企业提供全方位的技术、信息和商务服务。收费的服务项目有：食品安全信息及舆情监控与分析服务、食品标准法规管理咨询服务、产品及指标管理系统、食品竞争产品数据库、食品安全危害物及添加剂基础信息和限量数据库建设与维护。食品抽检信息包含国内食品安全监督抽检信息、国家质监总局食品安全局通报的进境食品不合格信息、美国、加拿大、澳大利亚、欧盟、日韩官方通报的对华预警信息。农兽药数据库包含 27 个国家或地区以及 CAC 的兽药残留限量标准、天然毒素数据库、其他来源化学污染物数据、农药物残留检测的智能方法库、日本肯定列表中农兽药在不同类别食品中的限量查询。微生物数据库包含培养基的名称、成分、用途及相关的菌种信息等，32 个国家及 CAC 和微生物规格委员会的微生物限量标准，10982 种菌种保存方法、实物状态、用途、致病名称等微生物鉴定方法。进出口信息包含美国 FDA 拒绝进口产品、进境不合格食品数据库、欧盟食品和饲料类快速预警系统、中国出口韩国食品违反情况查询、输日食品违反日本食品卫生法情况、加拿大 CFIA 强制检查清单内的中国水产品信息。

中国 WTO/SPS 通报咨询网（http：//www.tbt-sps.gov.cn）是中华人民共和国 WTO/SPS 通报咨询中心建设并维护的，该中心设在国家质量监督检验检疫局。该网站发布中国及其他 WTO 成员方发表的动植物卫生检疫通报，提供通报编号、标题、上报单位名等字段的检索功能，通报文件可以下载。

健康和食品安全网（Health and Food Safety）由欧盟委员会健康和消费者保护总署（Directorate-General for Health and Consumers，DG SANCO）建设和维护，主要内容有食品安全预警信息、生物危害因素信息、化学危害因素信息、食品新种类等。网站中 RASFF（Rapid Alert for Food and Feed）欧盟食品和饲料快速预警系统提供了完善的检索功能（https：//webgate.ec.europa.eu/rasff-window/portal/），可以指定主题、日期、食品种类、地区、风险类型、风险决策和关键词等进行检索，检索结果可以导出为 XML 格式（扩展标记文本，一种可机读格式）。风险决策分为严重（Serious）、不严重（Not Serious）、未确定（Undecided）三类。该预警系统中的信息来自欧盟 28 个国家或地区的食品安全部门、委员会、欧洲食品安全局、ESA、挪威、列支敦士登、冰岛和瑞士，紧急通知可实时发送、接收和回应。

美国食品安全研究项目数据库（http：//fsrio.nal.usda.gov/nal_web/fsrio/advsearch.php）是美国农业部下属的农业图书馆建设的，由食品安全研究信息办公室（The Food Safety Research Information Office，FSRIO）运营管理。该数据库收录了美国、英国、欧盟、加拿大等多个国家和地区的科研基金项目支持的食品安全研究成果。食品安全研究项目数据库具有完备的搜索功能。用户可依据关键词、题目、摘要、全文、项目编号、项目起始年、项目终止年、经费来源、调查员等具体信息分类进行选择性检索。检索中，用户可以指定食品安全类别、基金来源、从农田到餐桌的某个环节。食品安全类别包含污染物、疾病和过敏、食品和饲料成分与特征、食品和饲料加工与处理、食物和食品、食品质量特征、病原生物学、风险评估、环境卫生和病原体的控制等多项类别的内容。基金来源包含美国政府基金、欧盟、加拿大等政府、国际组织和私营机构的基金。

欧盟食品添加剂数据库是欧盟健康与消费者保护司（Directorate General Health and Consumers Affairs，DG SANCO）建设的。该数据库可以通过欧盟食品添加剂编码（E Number）、国际编码（International Number System，INS）和

添加剂名称进行查询，给出可使用该添加剂的食品类别，最高限量以及限制或例外情况等信息。

中国农药信息网（http：//www.chinapesticide.gov.cn/mprlsv/mprls.html）是中华人民共和国农业部农药检定所建设和维护，是提供专业农药信息服务的网络平台。网站中全国农药信息查询系统可以为农药管理、生产、经销及使用者提供直观而广泛的数据，数据包括农药最大残留、执法检查结果、农药企业信息等。除中国外，该网站也收录了美国、日本、韩国、澳大利亚等国家和地区不同食品或作物中多种农药的信息。网站提供检索功能，检索结果可以浏览，但不能另存为文本书件或其他文件格式下载。查询结果较为简单，缺失解释文档和法规依据的文档。

HSDB（Hazardous Substances Data Bank）的数据由美国毒理学会提供，美国国家医学图书馆（National Library of Medicine）发布（http：//toxnet.nlm.nih.gov），是关于食品中有害化学因素的毒理学和环境影响的数据库。该数据库中积累超过4500条，每条包括150个字段（数据项），如有害因素对人类健康的影响、生物毒理学研究、紧急治疗、物理和化学属性、安全处置等信息。数据会定期更新。数据可以直接下载或使用API访问，文件格式为XML。

WHO（世界卫生组织）的网站设有食品安全主题（http：//www.who.int/foodsafety/en/），收录了与食品安全有关的新闻、研究报告等，包括添加剂的风险评估、化学物质的毒理学特征、食品安全公告等。信息均以文本形式呈现，提供PDF文件下载，多数文件仅有英文，少量文件有中文译本。

以前述8项标准衡量，这8个互联网资源呈现以下特征：

（1）所有资源都可以免费检索，提供检索功能，检索和阅读信息无须注册。无须注册即可使用，以及完善的检索功能，可以方便地获取特定的信息，且容易实现机器自动抓取。但本书也发现，一些网站希望以有偿服务的方式提供信息，对非会员用户检索和下载文件的频率做了限制，过快的访问会被封锁，短时间内不再允许访问。

（2）信息资源丰富，信息内容覆盖广泛。

（3）网站有专业机构和人员进行维护，定期或不定期更新。所有网站都可以查询到当月的信息，部分网站如欧盟RASFF（欧盟食品和饲料快速预警信息）承诺24小时无休，欧盟各成员国的最新信息会立即发布。

（4）多数网站不提供原始数据，不能下载为机读格式。在本书考察的信息资源中，仅欧盟 RASFF 资源提供 XML 文件，这是一种方便机器处理的文件格式，能够实现语义化标注，有利于信息的导出、转置、映射或融合。其他信息资源或者提供文件下载，或者仅提供 PDF 文件或一般文本书件。

在本书考察的互联网信息资源中，食品伙伴网及健康和食品安全网（Health and Food Safety）都是综合型的信息资源，提供生物危害因素、化学危害因素等多种食品安全风险因素的信息。

第二节　社交媒体的理论与特征

与传统风险信息源相比，社交媒体数据的不同特征决定了需要采取不同的信息处理流程。通过文献的梳理和实际检验，本书认为社交媒体数据的特征包括：公开性强、实时性强、真实性强和信息密度低、信息发布者广泛。以下各小节分别对上述特征进行简要说明。

一、社交媒体是社会感应器

社交媒体是一个广泛使用但缺少严格定义的概念。Andreas Kaplan 和 Michael Haenlein 从技术基础和用户行为角度定义社交媒体。社交媒体是"建立在 Web2.0 概念与技术基础之上的、基于互联网的应用，该应用允许用户创建与交换产生的内容"（Kaplan AM and Haenlein M，2010）。社交媒体更为流行的定义揭示了社交媒体的信息传播属性，"社交媒体是基于计算机媒介的技术，其允许个人、公司、NGO 组织、政府和其他组织浏览、创建和分享信息、观点和爱好"（Buettner R，2016）。社交媒体是基于 Web2.0 的相互式应用，用户创建的内容可以是文本、图片、视频等。用户使用社交媒体供应商提供的网站或 App 进行内容创建，用户账户之间的联系丰富了用户在互联网中的社交关系。

社交媒体数据可以认为是真实世界的探测器。越来越多的人喜欢在社交媒体中分享信息，真实世界的事件等信息会反映在社交媒体中，而且这种反映的速度在加快。近年来，社交网站的用户数量，尤其是移动终端用户的数量快速增加。截至 2019 年 6 月，我国社交软件使用时长占比 4%，而即时通信用户规模在移动端的推动下提升至 8.25 亿，使用率高达 96.5%[1]。截至 2014 年

---

[1]　中国互联网络信息中心．第 44 次中国互联网络发展状况统计报告［R］．http://www.cac.gov.cn/2019zt/44/index.htm.

第一季度，中国著名的第三方消费点评网站——大众点评网收录商户数量超过 1000 万家，点评数量超过 3300 万条。该网站月综合浏览量（网站及移动设备）超过 45 亿次，其中移动客户端的浏览量超过 80%[①]。

二、社交媒体的信息源特征

社交媒体的特征对于选择合适的处理策略以及准确评估社交媒体的情报价值都具有重要意义。情报学研究者和自然语言处理的研究者从不同角度梳理了社交媒体的特征。代表性观点有王树义认为社交媒体数据作为企业竞争情报来源，其信息源特征包括：公开性、真实性和实时性（王树义，2011）。作为文本处理的对象，社交媒体具有文本长度短、语法合规性差、时间敏感度高和信息冗余的特点（Hu X and Liu H，2012）。周敏从微博对风险传播的意义和影响角度总结微博在风险传播中的特征有：传播速度快，注意力积聚效应导致风险扭曲，把关人缺失使得风险传播受用户辨识能力影响大（周敏，2014）。佘硕和张聪丛（2015）总结社交媒体在传播食品安全风险信息中的特征是自主化、极端化和感性化，公众成为风险信息的产生者、传播者，但缺少理性判断，容易受意见领域和亲友圈子的影响。

不同于电子邮件、微信等即时通信工具，社交媒体用户交流的数据具有公开化的特征。微信等用户交流信息具有隐私属性，第三方使用合法手段不能随意获取或者利用这些数据。社交媒体的用户虽然也具有隐秘交流方式，如用户之间的私信，但是社交媒体鼓励用户采用公开方式进行交流。用户愿意公开传播的信息，任何第三方都可以获取并利用。用户乐于分享信息，因而在社交媒体上就产生了大量的公开信息。获取和使用微博的内容是合法并且合乎道德的。

（一）实时性强

信息的传播可以分成信源、媒介和信宿三个主要组成部分。社交媒体传播信息的速度快、实时性强。传统媒体的信息传播，信源的物理位置相对固定，而且移动速度有限。电视台或者报社的记者不可能总是在数分钟内出现在事件现场。在事发现场，社交媒体的用户可以立即成为第一线的记者，使用智能移动设备发送图文并茂的现场信息，而社交媒体依托的移动互联网络这个媒

---

① 关于大众点评. 大众点评网［EB/OL］. http: //www.dianping.com/aboutus.

介，几乎瞬时就可以把信息推送到其他智能设备上。广大用户都能迅速获得某一主题的相关信息。

2013 年，我国"7·23"甬温线动车事故发生后仅 4 分钟，一条微博就出现在网络上，比国内媒体在互联网上的第一条关于"列车脱轨"的报道早了 2 个多小时。

（二）真实性强

社交媒体中的信息是否真实存在争议。中国社科院新闻所 2015 年 6 月发布的新媒体蓝皮书对 2014 年 92 条典型假新闻的分析表明，59% 的虚假新闻首发于微博[①]。《中国青年报》社会调查中心通过民意中国网和益派咨询，对 1775 人进行的调查显示，受访者认为谣言最严重的三大领域分别是：食品安全（72.2%）、人身安全（56.9%）、健康养生与疾病防治（54.0%）。王树义（2011）则认为，社交媒体的信息具有真实性，原因在于：商家可能散布虚假信息，而个人用户都是因为对某些事件有感而发所做出的真实想法流露；社交网站对实名制、散布虚假信息的惩罚机制保证了信息的真实性。另据一项对全国 12 个省份 48 个城市的 2640 名受访网名的调查，超过 90% 的网民不会主动发布和传播未经证实的食品安全信息（洪巍、吴林海，2014）。该调查还表明，至少有 4 个因素约束网民在微博中的信息传播行为，分别是网络实名制、有关网络信息传播的法律规定、网络平台的审查制度和其他网民的监督。

此外，微博中信息也具有不确定性。不确定性表现在：

（1）网民发布的信息可能是未经证实的信息。尽管网民并没有捏造虚假信息的故意，但由于自身观察能力和认知能力的局限性，网民得到的结论很可能是不科学、不严谨的。网民自身的消费体验可能具有个体特殊性，不具备一般性。

（2）信息传播过程中被夸张和扭曲。信息在传播过程中，经过多次转发，可能会丢失重要的细节或被主观臆断添加更多信息，导致信息失真，真实性降低。

艾华（2009）认为，博客作为竞争情报的信息源其可靠性受到博客信息体量大、内容涉及面广、信息发布者广泛和发布目的多样四个因素影响，从海量的博客信息中获取所需的情报需要工作量巨大的信息加工过程。

[①]　http://news.xinhuanet.com/newmedia/2015-07/20/c_134426718.htm.

（三）信息密度低

微博内容丰富、数据量很大，而食品安全风险信息仅占其中的很小比例。据新浪公司 2019 年 3 月发布的《2018 微博用户发展报告》[①]，截至 2019 年 3 月，微博月活跃人数已达到 4.62 亿，月阅读量过百亿领域达 32 个。然而美食类相关微博的话题内容仅占全部微博话题内容的 0.9%。有价值的信息密度低导致尽管政府监管机构也注意到了微博等网络平台的作用，但对微博曝光的信息反应迟缓。微博信息没有得到充分利用。

（四）信息发布者广泛

尽管微博个人用户占多数，但微博也有大量经过认证的媒体、企业、政府机构用户。截至 2015 年 12 月，食品行业认证账号接近 9 万个。因此，微博中的信息其信息发布者分布广泛。公众通过微博讨论食品安全话题的参与度高。据统计，2013 年 1 月 1 日至 12 月 31 日的食品安全网络舆情，在搜狐网、新民网等各门户网站和天涯社区、和讯社区等论坛中讨论的高热度事件和低热度事件，在微博中均有反映，而且相比较 2012 年，微博作为公众参与食品安全信息发布和讨论平台的地位继续提高（洪巍、吴林海，2014）。微博作为信息资源，具有很高的用户覆盖和内容覆盖。

（五）互动性好

社交媒体与传统的信息媒介如信函和电话比较，可以不受时间、空间的约束，提供了方便的信息交流功能。信息发布者与接收者可以双向信息交流。政府监管部门可以收到公众推送的举报信息，并将处理结果反馈给信息推送者。

Hall DL 等（2008）把人和互联网搜索引擎视为一类特殊的传感器，提出了完整的软数据和硬数据的融合框架，该框架以信息采集、处理、知识挖掘的完整过程为主线。Jorge A 等（2016）在分析了信息融合和观点挖掘的技术之后，在基于信息融合的 JDL（Joint Directors of Laboratories）框架的基础提出一种简单的将信息融合应用于观点挖掘的框架，在该框架中从 level0 至 level4 五级层次，信息融合技术把多种信息转换为观点挖掘可以利用的资源，如词表、对象和情境和威胁评估资源。

社交媒体作为一种新兴的风险探测数据来源，相比传统的行业报告，其

---

① https://www.useit.com.cn/forum.php？mod=viewthread&tid=22578&page=.

特色在于：第一，社交媒体更新速度快；第二，社交媒体中的风险数据更加贴近当事人的真实体验；第三，社交媒体中的风险信息是当事人主动上报，反映更多层面的事实。然而，使用社交媒体数据完成风险信息相关的数据挖掘任务，其局限性主要在于：①社交媒体数据的信息价值密度低，尽管社交网络数据量巨大，但与特定风险相关的信息资源所占比例仍然较低；②社交媒体的数据真实性需要验证，社交媒体中存在大量的虚假信息与垃圾信息；③社交媒体中信息的价值权重不容易确定，社交媒体中的信息并非权威机构发布，多个来源的信息如果不一致，其价值权重需要更精准的评价模型。基于社交媒体的风险监测与挖掘研究仍处于起步阶段。

第三节　社交媒体的信息分析

一、社交媒体的信息分析方法

Tweeter、微博等社交媒体的用户数量快速增长，社交媒体被广泛使用，带来了巨大的社会影响力，成为主流社会化媒体之一。因而社交媒体引起了国内外学者的关注，来自不同领域的学者从多角度对社交媒体展开研究。传播形态、用户和社会影响是微博研究的三大主题（汤志伟、韩啸，2015）。国外的微博研究应用领域是医疗保健、社区互助、环境保护，国内较为重视舆情传播和公共危机预警。微博研究以实证研究为主，微博处理的主要技术和方法有：社会网络分析、信息可视化、主题建模、情感分析和观点挖掘等。其中，情感分析、主题建模和观点挖掘等是微博内容分析的基础性技术和方法。情感分析在市场营销、舆情监测等领域取得了丰富的研究成果和广泛的应用。从信息管理视角分析，微博的研究的新趋势是微博信息组织的规范化研究、微博信息传播的管理研究以及微博用户信息推荐的方法研究（汤志伟、韩啸，2015）。社交媒体的研究可以分为信息组织与传播、微博挖掘技术和微博应用研究。

（一）社会网络分析

社交媒体的信息组织结构与传播特征密切相关。社交媒体实现信息的用户生产、自动聚合和自动推送，不同于以往的信息传播渠道。社交媒体用户是社交媒体的信息生产者。自组织理论被引入新浪微博社会网络的研究中，从整体网络、个体网络、小团体、小世界效应构建模型，采用抽样方法，对网络用户间的"发布""转发""评论""@""回复"关系进行实证研究，用户的社会网络对用户间的信息传播产生影响，而信息传播行为又影响了用户间的关系，使互联网社会网络呈现自组织现象（李林红和李荣荣，2013）。王晓光（2010）通过对新浪微博的用户类型、发博途径、博文内容、转发数、评论数、关注数、粉丝数等的统计，分析微博信息结构和传播模式的差异，揭示微博用户的表征差异性。杨成明（2011）的研究结果显示，不同类型的微博用户发布的信息在质量、影响力、内容领域等方面，差异很大，少数认证用户提供原创信息并激发其他用户的信息交流，认证用户多来自社会、娱乐领域的媒体类企业或个人，从而使整个微博客用户关注的内容趋向大众化和娱乐化。微博的信息组织模式成为社会信息的有效传播渠道，并提供了一个人际互动的载体，成为社会关系网络的生成机制（朱爱菊，2011）。在信息传播特征方面的研究，国内学者主要从网络舆情的概念、产生及演变规律、传播形态等方面网络舆情的基础理论开展研究，例如网络舆情的特征和要素研究（刘毅，2007），网络舆情的主要载体是社交媒体。

（二）文本挖掘

社交媒体的信息挖掘被广泛应用于市场营销、股市预测和社会学研究等领域。随着社交媒体挖掘与利用的深入，研究走向细粒度的信息挖掘，另外，应用的领域在扩展。一些安全监测系统、企业竞争情报系统把互联网文本数据也纳入情报收集和处理过程中，实践中提出了新的研究问题，如何利用现有的数据提高文本数据的价值，而挖掘文本数据，信息抽取是必要的环节。文本信息抽取研究作为独立的研究问题，无论规则的方法还是机器学习的方法，较少利用命名实体词典以外的外部资源，最近的一些研究开始使用数据融合或信息融合技术解决信息抽取和信息抽取后应用中的问题。

大量与行业风险相关的信息发布在互联网中。互联网数据的应用需要数据采集、数据清理和数据挖掘等步骤，其中的关键步骤是数据挖掘。互联网数据的类型有结构化数据、文本数据、多媒体数据等。文本数据涉及新闻、报告、社交媒体等。文本数据挖掘的关键技术是命名实体识别、事件抽取、观点挖掘等。

命名实体识别（Named Entity Recognition，NER）是信息抽取的基础性工作，其任务是从文本中识别出诸如人名、组织名、日期、时间、地点、特定的数字形式等内容并归类（Chinchor，1998）。以往的研究主要集中于人名、地名、组织机构名，近年来特定领域的命名实体识别和开放域的命名实体识别研究成为热点。

命名实体识别的技术可以有不同的分类法，如分为三类：基于规则和词典的方法、基于统计的方法和二者混合的方法（孙镇和王惠临，2010）。本书认为命名实体识别的方法可以分为依据词典的方法和使用规则的方法两大类。基于统计的方法实质是以概率分布的思想利用规则，因此归入使用规则的方法。如何获取词典和规则，则有人工专家法和机器学习的方法两类。人工专家法在早期基于规则的算法中较为常用，专家总结规则并提交给算法使用。机器学习的方法按照是否需要标注语料，一般分为有监督的学习（Supervised Learning）、弱监督的学习（Semi-supervised）和无监督（Unsupervised）的学习。

事件抽取（Event Extraction）主要研究如何从含有事件信息的非结构化文本中抽取出用户感兴趣的事件信息，并以结构化的形式呈现出来。事件抽取大体上可分为元事件抽取和主题事件抽取两个层次，其中元事件抽取是指一次事件过程中的元信息，目标包括时间、地点、人物、动作等；主题事件抽取是指围绕某一确定的主题，获取与其相关的一系列事件，目标是获得一个事件集合。目前事件抽取研究使用的语料基本上还是以新闻、生物医学等个别领域的文本为主，面向开放文本的事件抽取研究还较少。

事件抽取应该属于信息抽取领域中的深层次研究内容，它需要以命名实体识别研究作为基础，涉及 NLP、机器学习、模式匹配等多个学科的方法与技术。

事件抽取的方法一般有基于统计模型的、基于模板的、基于 Web 标签的和基于本体的几类方法。

基于统计模型的方法把抽取过程视为标注或分类的过程。选取特征，使用隐马尔科夫模型和支持向量机（SVM）进行训练后完成对文本的标注。在 ACL2011 年会上，芬兰图尔库大学（University of Turku）使用 SVM 模型研发了应用于生物医学领域的事件抽取系统（Björne J and Salakoski T，2011）。

David Ahn 在 2006 年提出一种模块化的事件抽取方法，他将事件抽取的任务分解为一系列基于分类的子任务，一个机器学习分类器负责完成一个子任务。此方法综合运用多种分类方法，包括 K 相邻分类算法、最大熵分类器、Mega M 算法等（Ahn D，2006）。实验表明，此方法的性能优于 ACE 2005 的评测结果。

2007 年 "YAHOO!" 研究院的 Rattenbury T 等（2007）利用 Fliekr 网站上的图片及其元数据标签（通常包含时间、地点、经度和纬度等），以及网页中的术语信息，以尺度结构识别（Scale-structure Identification）算法为基础，抽取地点及事件语义信息。

观点挖掘是人们针对某个实体及其特征发表的意见、态度、情感的挖掘和分析（Pang and Lee，2008）。观点挖掘也称意见挖掘、态度挖掘或评论挖掘。如果进一步对挖掘出的观点进行情感倾向性分析，可以称为情感计算或文本倾向性分析。

观点挖掘的过程就是在文本中自动抽取观点中的元素，一般而言，其主要子任务有：观点句识别（Subjectivity Classification）、实体抽取、要素抽取、情感倾向判断和统计分析。情感分析的研究较早，成果较丰富，相关介绍也比较多。观点句识别和要素抽取是新的研究热点。根据第五届中文汉语倾向性评测会议（Chinese Opinion Analysis Evaluation，COAE）的测评结果，对非限定领域的微博中观点句和要素抽取的准确率和召回率均不理想，低于 50%（谭松波等，2013）。现有的研究一般把观点句识别看作句子分类问题，利用评价词或情感词词典、句法特征、上下文、主题等资源，使用支持向量机（Support Vector Machine，SVM）（周海云，2013；杜锐等，2013；温润，2013；潘艳茜、姚天昉，2014；王乐、闭应洲，2014）、条件随机场（Conditional Random Fields，CRF）（周海云，2013；孟美任，2012；林鸿飞，2011）、贝叶斯分类器、最大熵、决策树等分类工具（吕云云、李旸和王素格，2013）进行分类。几种分类工具综合使用的效果略高于仅使用单一工具（吕云云、李旸和王素格，2013；郭云龙等，2014）。

选用较多的观点句特征可以有效提高识别效果。在对中文微博的观点句识别中，除了评价词外，加入语气词、程度副词和词性结构等特征后，召回率显著提高（李霄，2014）。在各类特征中，评价词是重要的识别依据，因而评价词词典或情感词词典对性能的影响比较大。丁晟春、赵洁等利用 Hownet（孟美任，2012）、网络新词挖掘方法（温润，2013）对评价词词典进行扩充，以改善观点句的识别效果。

（三）情感分析

观点挖掘包含多种颗粒度的分析，情感分析是观点挖掘中应用最为广泛的。

情感分析也称为情感计算，分析主体对客体的情感倾向。情感倾向方向也称为情感极性。在微博分析中，情感极性可以理解为用户对某客体表达自身观点所持的态度是支持、反对还是中立，即通常所指的正面、负面和中性情感。例如"喜欢"与"高兴"同为褒义词，表达正面情感，而"脏"与"恶心"就是贬义词，表达负面情感。

情感倾向在计算结果呈现时可以给出一个情感倾向度，是指主体对客体表达正面情感或负面情感时的强弱程度。不同的强弱程度往往是通过不同的情感词或程度副词等来体现。例如"热爱"与"喜欢"都是表达正面情感，但是"热爱"比"亲爱"在表达情感程度上要强烈；"非常喜欢"与"喜欢"也有强弱区别，为了区分这种情感表达的强弱，可以在词典中定义情感词、副词不同的权值，进而对整段文本计算出不同的情感倾向度。

情感倾向分析的方法主要分为两类：一种是基于词典的方法；另一种是基于机器学习的方法。前者需要用到标注好的情感词典，英文的词典有很多，中文主要有知网整理的情感词典 Hownet、台湾大学整理发布的 NTUSD 情感词典。哈尔滨工业大学信息检索研究室发布的《同义词词林》可以用于扩充情感词典。基于机器学习的方法则需要大量的人工标注的语料作为训练集，构建分类器来实现情感的分类。

本书针对的是特定领域的微博文本，缺少相关领域的标注文本，因而采用词典的方法较为合适。词典法可以修改通用的情感词典，建立特定领域的情感词典，有利于提高情感分析的准确率。纪雪梅（2014）在研究舆情的演变规律中扩展了情感的类别，分为 10 大类合计 32 个细类，这也说明了情感词典的计算方法具有良好的扩展性和广泛的适应性。本书参考其计算方法，采用 python 编码实现了计算过程，主要过程如下：

1. 文本单元切分

算法输入为微博文本，一条微博的文本内容可以视为多个单句组成的篇章。一般进行情感计算最小对象为单句，因此需要将篇章切分为单句的集合。

首先将文档以换行符"/n"分割成段落 P。然后将段落用中文里常用的句号、分号、问号、感叹号等划分句意的符号，切割成不同的单句。最后对单句进行分词。

2. 标示单词情感类别并赋值

基于情感词表，对文本中每个词标示类别并赋予权值。处理过程是读取每个单词，匹配预先构建好的情感词表，若匹配成功，则读取情感极性及相应权值，否则进入下一个候选单词，直至整个单句判断结束。

除了情感词词表，还需要标示否定词和程度副词。否定词的修饰会使情感词语的情感极性发生改变。比如："这个餐桌很不干净"，该句中"干净"是褒义词，由于否定词"不"的修饰，使其极性发生了改变，转变成了负面情感。由于语言表达存在多重否定现象，即当否定词出现奇数次时，表示否定意思；当否定词出现偶数次时，表示肯定意思。因此需要否定词典，收录否定词如：不、没、无、非、莫、弗、毋、勿、未、否、别、無、休。

程度副词影响情感词的表达强度。比如上例中"很"的修饰使得"不干净"的极性倾向程度发生了变化，这比不使用"很"表达意思更加强烈。为了准确计算文本的情感倾向，需做相应的权值调整。本研究构建了程度副词词表，来源于知网（HowNet），选用"情感分析用词语集（beta版）"中的"中文程度级别词语"共219个。

3. 计算篇章情感值

篇章情感值计算的核心思想是对所有情感词词簇的情感值求平均值。

$$情感词词簇情感值 = 否定词极性 \times 程度词权重 \times 情感词权重$$

篇章情感值是该句中所有情感词词簇的和。该算法较为简单，没有考虑篇章长度的影响。如果情感的类别不只正和负，显然篇章的情感值是个多维向量。

（四）话题提取

话题模型（Topic Model）方法把特征视为文本中潜藏的话题。大量研究在 PLSA（Probabilistic Latent Semantic Analysis）模型（Hofmann，2001）和 LDA（Latent Dirichlet Allocation）模型（Liu and Zhang，2003）的基础上进行参数调整或扩展，把话题模型应用于要素抽取。Lu 等（2009）使用 PLSA 对短文本进行要素表达式的识别和聚类，把要素表达式定义为二元组〈首词，修饰语〉（head team，modifier）（Lu，Zhai and Sundaresan，2009）。LDA 模型参数少，可以避免被过度拟合训练文本。Wang 等使用 LDA 模型分两步处理两类不同的训练语料，首先采集并标注电子商务网站上内容完整的专业评论作为种子集来进行机器学习，然后根据得到的种子特征对大量的用户评论进行聚类和训练，取得了较好的效果（Wang T et al.，2014）。但 Titov 和 Mcdonald 发现某类产品的评论中每篇文档都讨论同样的要素，使一般的 LDA 模型准确率不高，他们提出多粒度话题模型（Multi-grain LDA）弥补该缺陷（Titov and Mcdonald，2008）。Mcdonald（2008）等进一步改进了该模型，以解决话题到要素的映射问题。目前已有一些研究使用 LDA 模型处理汉语文本。李芳等使用 LDA 模型对中文文本的汽车评论进行了评价主题（特征）挖掘，实验结果中褒义句的正确率为 76.2%，召回率为 51.7%，而贬义句的正确率为 55.4%，召回率为 38.2%（李芳、何婷婷和宋乐，2012）。话题模型易于理解，便于计算，参数可以调节，具有较好的弹性。话题模型的缺陷是很难识别低频次的要素，另外一个缺陷是需要训练语料进行机器学习。

（五）聚类分析

在舆情分析中，经常提取讨论同一事件的微博，进行聚类或者提取主题（话题），以了解公众对同一事件的不同态度。文本聚类的研究较为成熟，通常文本聚类需要两个关键过程，一是计算相似度，二是聚类算法。

相似度的计算首先依赖文本表示和特征选取。文本表示模型可以分为向量空间模型、语言模型、后缀树模型、本体等，对应的相似度计算方法分为基于向量空间模型的相似度计算，基于短语的相似度计算方法和基于本体的相似度计算方法（吴凤慧等，2012）。

在选择相似度计算所依赖的特征上，可以直接使用词形或者进行特征转换。直接使用词形是基于词频的方法，如 TF-IDF 方法。实验发现，进行词性选择后网页平均长度降到之前的 50% 左右，聚类精度保持在 95% 左右（苏冲等，2010）。找出对聚类有影响的词并过滤掉无效词是该方法的核心问题。无效词也称停用词（Stop Word）。TF-IDF 已经具备过滤停用词的效果，还可以利用词语强度（Term Strength）发现停用词（Wilbur WJ and Sirotkin K，1992）。

然而利用词频的方法如 TF-IDF 和 term contribution 的方法（Liu T et al.，2003），不适于对短文本的特征抽取。微博这类短文本中可以表述主题的词出现频率低，导致 TF-IDF 这类依靠词频的算法效果不佳。解决方法之一是进行特征转换。由于同义词、多义词等问题，原始项需要转换。将多义词和同义词转换后相当于减少了维度，增加了特征词的词频。另外一个解决方案是利用文本相似度增加近义词或语义相关的词。对于两个文档，利用知网分别计算其独有的词的相似度，如果高于一定阈值，把对方文档中的这个词加入自身文档的词特征中（金春霞和周海岩，2011）。例如两个文本分别拥有词语唐朝和清朝，依据知网计算，两个词相似度较高，那么相当于认为两篇文档都出现了唐朝和清朝（给予一定的权重）。

微博中尽管每一篇的内容短小，但数量规模大，其词汇依然是很丰富的，使得维度呈现多而稀疏的特点，概念分解（Concept Decomposition）方法可以降低维度，有效利用稀疏的维度。概念分解是把原来的项目转化为新的概念，将文档中的词汇分为 K 个聚类，然后从每个聚类中得到一个概念向量，概念向量取代原来的项目，从而构建一个新的向量空间（Dhillon IS and Modha DS，2001）。对于大型文本库和多主题的文本，文档可以表示为一些概念，而概念由词语链条组成（Word Chain），这样就把词语的向量空间模型转化为概念空间模型（Aggarwal CC and Yu PS，2001）。

聚类过程既可以是静态聚类，也可以是增量聚类。静态聚类中，一次对所有文献进行聚类，后期增加文献不改变聚类的分类体系。增量聚类后期增加的文献可以改变分类体系（Zamir O and Etzioni O，1999）。聚类步骤可以是自上而下或者自下而上的。分解层次聚类法 DHC（Divisive Hierarchical Clustering）把所有文献当作一个类，然后对其逐步细分为小类；合成聚类法 AHC（Agglomerative）把单个文献看作一个类，然后某种方法进行合并，使类的数目不断减少。

大部分聚类算法需要对文档进行两两比较，算法复杂度为 $O(n^2)$，在处理数量较多的文本时，效率太低。例如向量空间模型和 K 相邻算法的时间和空间复杂度都比较高，启发式聚类法可以有效降低算法复杂度。启发式算法有两种：一是密度测试法，二是线性时间法。

密度测试法把文献分为三种，未聚类文献、松散型文献和已聚类文献。聚类过程中首先在未聚类文献中取出一篇文献，暂作为聚类中心，如果能够聚合一定数量和阈值的相似文献，则测试成功，此文献作为一个类心，把其中相似度接近的文献视为已经聚类文献。然后不断修正类心和调整类成员，直到没有未聚类文献（苏新宁和邵波，1998）。该方法会受到文献处理顺序的影响。线性时间法如 Buckshot 法，采用 AHC 方法中的类平均法，从 N 个文献集合中随机抽取 $\sqrt{KN}$ 个文献进行聚类，得到 K 个类，然后以每个类的中心作为类心将所有文献聚类。聚类结果可能受到最初抽取文献的影响（Jensen EC et al.，2002）。

转化聚类问题为标引和检索问题，使算法复杂度接近线性。例如首先挖据数据集合中精选子集的频繁项集，并进行聚类，形成不同的主体，然后生成每个主题的查询词检索待聚类文本，利用主题查询词与文本之间的相关性将文本划分到不同主题中，从而完成文本聚类和主题抽取（彭敏等，2015），该方法降低了算法的时间复杂度。

二、应用现状与分析工具

社交媒体的应用研究集中于市场营销、医疗保健、社区互助、环境保护，国内研究更偏重于舆情传播和公共危机预警。一些软件厂商联合政府部门开发了舆情监控、舆情分析软件，比较典型的有深圳市乐思软件技术有限公司研发的"乐思网络舆情监测系统"、中科点击（北京）科技有限公司的"军犬网络舆情监控系统"[①]、北京拓尔思信息技术有限公司研发的网络舆情监控系统、北大方正研发的"方正智思舆情预警系统"等。网络舆情监控系统充分利用中文信息处理、数据挖掘、社会网络分析等关键技术，提供了网络文本的自动采集、自动分类聚类、突发事件识别、主题抽取或追踪、新闻自动摘要、简报推送等功能。

Sakaki 等将社交媒体中的文本作为监测地震的信息来源，通过使用关键词、文本长度和上下文语境作为特征，将文本进行分类，然后使用概率时空模型分析事件发生的地点。该方法被应用于日本地区的地震信息监测。

在实践应用方面，2016 年 5 月，上海市长宁区市场监督管理局与大众点评网签署了《食品安全合作协议》，大众点评网依据市场监管局提供的"餐饮企业食品安全负面评论关键词搜索清单"主动采集和分析评论数据，将搜索发现的有食品安全违规行为的问题商户及时推送给区市场监督管理局[②]。长宁区市场监管局据此连续查处了两家非法加工、出售河豚的餐饮店[③]。

信息媒体数据量大，因而对信息处理的效率是一个重要的问题。各个社交媒体网站提供的基本浏览与搜索方式对某些信息获取与分析任务而言效率并不高。目前针对社交媒体，已经有统计分析、聚类分析和可视化分析的第三方应用。例如对国外较为流行的推特（Tweets），第三方应用 TweetStats 来进

---

① http://www.54yuqing.com/contents/3/4.html.

② 中国食品安全报 2016 年 5 月 7 日 B2 版，http://paper.cfsn.cn/content/2016-05/07/content_37822.htm。

③ 中国食品科技网 2016 年 5 月 6 日，http://www.tech-food.com/news/detail/n1279276.htm。

行统计用户的发文数量、相互关注用户的交互频率、文本内容中的词频等①。Sentiment140（曾用名 Twitter Sentiments）是可以对推特的文本进行情感分析的第三方应用，其分类器是基于最大熵分类算法。Twitter Sentiments 对于情感分析的结果分为 3 个类别，即正面、负面和中性。Twitter Sentiments 会实时分析最近的 100 条与指定关键词相符合的 Tweets，并且将其分类放入上述 3 个情感类别当中。数据可视化工具主要用于分析用户的社会网络，Mailana 是基于 Twitter 的可视化应用平台，提供的主要功能为可以自动统计某一个 Twitter 用户与其他用户的交互数据，并且对用户之间的关系进行整理，最终将某个 Twitter 用户的社交网络图进行可视化展现。

国内较为流行的微博有新浪微博和腾讯微博。二者尽管提供了 API 接口，但与 Tweeter 比较，权限较少、受限较多。国内免费的微博分析工具较少。新浪微博提供了官方工具，如知微传播分析②和微数据③。前者可以针对具体的一条微博进行多维度分析，如传播效果、参与者特征、转发和评论的文本内容特征等。微数据是对海量的微博内容进行多维度的统计分析，生成数据报告，如地域热点话题等。

北京大学 PKUVIS 微博可视分析系列，更深地挖掘微博事件、关键词、用户等的关系，利用可视化分析技术提供直观的结果。WeiboEvents 是挖掘微博里故事的在线工具，能够快速浏览和分析微博事件中的人和事，把握微博传播的脉络，挖掘深层的人人、人事关系。D-Map 是针对一个人的社交网络进行可视分析的工具，它将一个人的一系列微博，以及这一系列微博的转发微博进行可视化，映射在二维空间构造出一个社交网络地图④。

三、微博搜索与数据采集

社交媒体网站数量众多，本节我们选择以新浪微博为例，介绍社交媒体数据的基本获取方式。一种是关键字搜索，另一种是关注微博用户。

新浪微博提供的关键词搜索功能使得用户可以搜索自己感兴趣的内容或微博用户，如同使用百度搜索。本节主要介绍内容搜索。

① http://www.tweetstats.com/.
② http://www.weiboreach.com/.
③ http://data.weibo.com/.
④ http://vis.pku.edu.cn/weibova/.

1. 微博支持高级搜索

新浪微博搜索支持 3 种常见的语法：

与：用空格表示，"韩寒　郭敬明"，这种表示要求韩寒和郭敬明要同时出现；

或：用 ~ 表示，"韩寒 ~ 郭敬明"，表示二者出现任何一个就可以；

非：用空格 – 表示，"韩寒　郭敬明 – 方舟子"，表示希望前两者出现但又不想出现"方舟子"。

2. 微博搜索结果中的信息非常丰富

在微博搜索结果中，对返回结果按精选、热门文章和一般内容三个分组显示。原创微博包括博主昵称、微博内容、发布时间、点赞数、转发数、评论数、评论内容等。其他用户对原微博的评论也会被检索到，且可能具有价值，如图 4-1 所示。

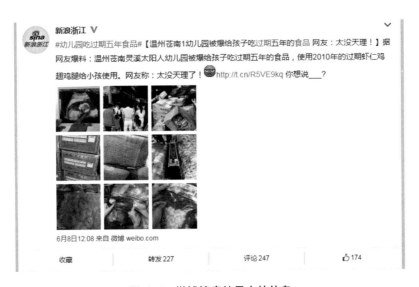

图 4-1　微博搜索结果中的信息

3. 搜索结果的完整性

微博的搜索系统对搜索结果进行排序和过滤，有些微博可能会搜不到，不在搜索结果页面显示。但是可以点击"查看全面搜索结果"命令按钮或者跟踪到微博推荐的相关搜索链接，获取更多搜索结果。

在微博应用中，当用户甲关注了用户乙，一旦用户乙的微博内容更新，消息就会推送到用户甲。因而关注某微博用户，可以及时获取该用户的微博内容。例如在搜索中指定"找人"，输入"食品安全"，可以获得与食品安全相关的微博用户。相关的微博用户中有食品行业的从业者、媒体人、食品监管机构等组织和个人。

政府机构、媒体、行业协会、食品行业从业者都是食品安全信息的提供者，因而都需要关注。新浪微博将用户类型分为机构用户、个人认证用户和普通用户。如果以食品为关键词搜索微博用户，能够得到 1049753 个搜索结果[①]。其中机构用户 24332 个，含有政府机构、食品生产企业、行业协会等。个人认证用户 7366 个，主要是食品行业从业者、食品相关学科的研究人员、媒体记者等。普通用户 6 万余个，普通用户中也包含政府机构、企业和食品行业从业者，只不过没有向新浪进行认证。从搜索结果看，与食品安全相关的微博用户数量巨大，本书在实验中难以关注全部用户，随机选取不同类型的用户各 100 个。

以上介绍的方法，能够将有关信息显示在电脑或智能设备的客户端，但不能被机器存储和进一步分析，如果需要把信息存储，需要采集数据。采集数据可以使用人工复制、粘贴的方法，但显然效率太低。机器自动采集数据的方法有两种，一是通过 API（应用程序接口），二是使用网络抓取程序。

新浪提供了微博 API。API 可以实现搜索、读取微博、读取评论、获取用户信息等功能。然而新浪对 API 的权限做了严格的限制，较高的读取权限不开放给科研用途使用。微博的注册用户也可以使用 API，但仅限于读取自己关注的微博。

在调用新浪微博的接口之前必须在新浪注册成为开发者。在注册完成之后，系统会返回一个 AppKey 和 AppSecret。AppKey 是新浪接入应用的标识，微博开放平台通过 APPKey 来确定用户的唯一性与真实性。AppSecret 是 AppKey 产生的密钥，用来保证接入应用的安全性和可靠性。用户接入微博有三种方式：

网站接入：自己的网站可通过微博账号进行登录，让用户方便分享内容。

站内应用：使自己的应用通过 http：//apps. weibo. com/+ 个性域名的地

---

① 搜索日期 2016 年 9 月 8 日。

址访问到，站内应用也可充分利用新浪开发平台的技术资源。

移动应用：微博开放平台为移动设备提供的接入方式，满足移动用户快速接入新浪微博，实现移动 Apps 等终端的接入。

完成用户的授权认证后，就成功接入新浪开发平台，可以通过 API 调用平台上的资源。除了调用的内容权限，调用平台接口还有一个次数限制性问题。

新浪 API 搜索接口的概念非常有限，如图 4-2 所示。接口主要为搜索微博用户设计，搜索微博内容的功能并不强，而且按内容搜索属于高级权限，个人不能申请调用按内容搜索的功能。

搜索		
	search/suggestions/users	搜用户搜索建议
	search/suggestions/schools	搜学校搜索建议
搜索联想接口	search/suggestions/companies	搜公司搜索建议
	search/suggestions/apps	搜应用搜索建议
	search/suggestions/at_users	@联想搜索
搜索话题接口	search/topics	搜索某一话题下的微博 图

图 4-2 新浪微博 API 的搜索接口

互联网信息数据量大，更新快，形式多样，人工收集互联网信息工作量是巨大的，因而情报系统需要实现自动化采集数据。网页抓取工具可以采集几乎所有网页中的任意数据。首先需要规划好数据来源：新闻、论坛、博客、贴吧、纸媒站点等都有各种形式的竞争信息可供采集，采集的范围和内容可以依据情报目标来选择。信息是会实时更新的，而网页抓取工具凭借计划任务功能实现自动化地间隔时间采集，以确保抓取信息的完整和时效性。

网络爬虫抓取数据需要三个过程：第一步模拟微博用户登录、搜索和浏览微博的过程，成功获得微博资源。第二步做网页处理技术，解析网页，获取需要的微博内容。第三步把获得的微博内容数据存储到数据库中。

俞忻峰（2015）对比了基于网络爬虫和 API 的方法，发现网络爬虫能够抓取全面的数据，但是页面分析处理过程比较复杂，耗时比较长，而采用新浪 API 获得的数据结构紧凑，但是受制于访问的内容权限和次数权限，数据不够完整。他设计了一种两种方案相融合的抓取策略，让新浪 API 和网络爬虫的方式各自发挥自己的优势，提高了抓取效率并保证了数据完整性。受此启发，本书也使用两种策略采集数据，使用 API 采集被关注的特定用户的微博内容，使用网络爬虫采集关键词搜索的微博内容。

数据采集的主要步骤如图 4-3 所示，采取两种方案抓取数据。在数据采集过程中，需要解决的关键问题是如何选取搜索词和被关注用户。

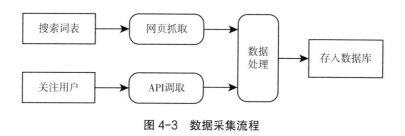

图 4-3 数据采集流程

采集微博页面内容的主要流程如图 4-4 所示。

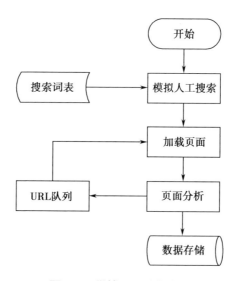

图 4-4 微博页面采集流程

为了获取完整的搜索结果，首先需要登录微博账户，然后读取搜索词表，循环采集词表中的每一组词的搜索结果。然后需要模拟人工搜索的过程，读取词表中的每一个词语并填入搜索框，点击搜索按钮。搜索结果页面加载完成后，对页面 HTML 代码进行分析，解析出微博昵称、微博内容、发表日期、评论数等信息，然后分别存入数据库。在页面分析中，如果发现结果数量较多，不止一个页面，则把所有结果页面的 URL 存入 URL 队列，逐个加载页面，再次进行页面分析并采集数据。

实现网页自动抓取有多种方案可以选择，一种方法是使用 Java、Phython 等程序语言设计爬虫软件。另一种方法是商业公司开发的网页数据采集软件，如八爪鱼、火车采集器等，用户需要对软件进行配置，或者编写运行脚本，一般开发速度比较快，而且功能强大。本书采用了第二种方案，选择火车浏览器软件①。该软件是一款专业的互联网数据抓取、处理、分析，挖掘软件，可以通过设置脚本，达到自动登录，识别验证码，读取文件，自动提交数据，点击网页命令按钮，加载网页，抓取数据，操作数据库、保存数据到文件等操作。另外可以使用逻辑判断、循环、跳转等操作。各类操作可以自由组合，编写脚本的过程类似于可视化的编程过程，运行脚本就可以迅速地抓取网页上散乱分布的数据信息，并通过一系列的分析处理，准确挖掘出所需数据。

四、微博数据预处理

数据预处理包括数据清洗和汉语分词。

数据清洗是采集到的数据在分析前处理的第一步，主要部分有微博去重、词语压缩和短句删除。

微博去重是删除重复采集的微博，相同的微博仅保留一条。由于本书通过搜索词表和用户关注等多途径采集微博，难免有一些微博被重复采集，因此需要去除重复的微博。相同的微博是指用户、发布时间和发布内容都相同的微博。微博去重可以采用比较微博 idstr 标签值的方法，该标签是微博的唯一标识，比对该标签值，既可以去除完全相同的微博，也可以采用简单的两两比较删除法。提取微博集合中的两条微博，比较微博内容，如果微博内容相同，则删除一条，保留一条，这种方法不保留转发微博。

数据采集的结果保存在 access 数据库中，因此微博去重使用 access 的 SQL 语句完成。

词语压缩是去除一条微博内容中连续重复的词语。连续重复的词语是用

①　http://www.locoyposter.com/index.html.

户为了拼凑字数或者显示个性和新奇而反复叠加一个词，比如"哈哈哈哈哈哈哈哈""太差了太差了太差了"。这类重复用词会影响后期对文本进行情感倾向的判断以及其他类型的文本聚类。张良均等给出了对产品评论文本进行词语压缩的 7 条规则（张良均等，2016）。算法的主要思想是采用两个字符串列表，将待处理文本每个字符按一定规则分别放入两个字符串列表中，然后比较两个字符串列表，如果触发删除规则，则删除待处理文本中的一个子串。规则和处理样例如表 4-1 所示。 按照其规则，主要处理过程如表 4-1 所示。

表 4-1　词语压缩规则

序　号	描　述	解　释	样　例
规则 1	IF C=LA$_{(1)}$ and LB 为空，THEN C 放入 LB	读取字符存入列表	无
规则 2	IF C=LA$_{(1)}$ and LA=LB，THEN 压缩 S，清空 LB	处理连续重复	太差了太差了太气人了 -> 太差了太气人了
规则 3	IF C=LA$_{(1)}$ and LA! =LB，THEN 清空 LA 和 LB，C 放入 LA 中	不完全重复则不压缩	太差了太差劲了太气人了
规则 4	IF C! =LA$_{(1)}$ and LA=LB，THEN 压缩 S，清空 LA 和 LB，C 放入 LA 中	去除连续重复	很脏很脏，非常脏 -> 很脏，非常脏
规则 5	IF C! =LA$_{(1)}$ and LA! =LB，IF LB 为空，则 C 放入 LA	没有出现重复的字符	无
规则 6	IF C! =LA$_{(1)}$ and LA! =LB，IF LB 不为空，则 C 放入 LA 和 LB	重复的列表在增长	无
规则 7	IF C 为末尾 and LA=LB，THEN 压缩 S	处理重复词语在末尾的情况	这家店卫生很糟糕很糟糕

注：S 为字符串，C 为当前处理的 S 中的一个字符，LA 为列表 1，LB 为列表 2。LA$_{(1)}$ 为列表 1 的第 1 个字符。

1. 初始化，列表 1 和列表 2 清空
2. 读取字符串 S 的一个字符 C，至字符串结束
   2.1　C 放入列表 1
   2.2　如果列表 2 为空，则 C 放入列表 2

2.3　如果列表 1= 列表 2 且列表长度 ≥ 2，则压缩字符串

否则 C 放入列表 2

3. 如果字符串结束且列表 1= 列表 2，则压缩字符串

ACCESS 处理字符串拼接的效率很低，因而词语压缩采用 Python 编码，将 ACCESS 中的微博数据导出为文本书件，然后使用 Python 进行词语压缩处理。

在完成词语压缩之后，还需要进行短句删除。句子字数少，则表达的语义相当有限。对于风险识别任务而言，文本中至少需要出现有害因素、损失后果和不良行为的词语，汉语中双音节词居多，因此，少于 6 个汉字的句子很难表述完整的风险信息。本书将短句定义为少于 6 个字符的句子，因此小于等于 5 个字符的微博将被删除。短句删除可以在 ACCESS 中使用 SQL 语句完成。

汉语文本中，句和段落可以通过标点符号和换行符等符号进行切分，但词的边界是没有显性标志的。汉语的书写者不需要在词与词之间加空格，这与英语分词书写的习惯不同。然而，在后续的分析过程中，比如聚类、观点挖掘等处理算法都需要以词或词组为单位进行计算，因而对微博文本需要进行分词。

分词结果的准确率对后续算法的性能有较大影响。聚类和观点挖掘算法都是以词作为最基本的特征，如果分词错误，意味着特征错误，自然影响到处理效果。玻森中文语义开放平台对 11 款开源中文分词工具的评测表明，结巴分词的分词准确率是单机平台中最佳的，对微博文本、餐饮评论文本的分词准确率高达 88%，略低于基于 Web API 平台的 BosonNLP（93%）和哈尔滨工业大学的云分词（92%）。Python 的中文分词模块"jieba"（结巴分词）[①] 模块可以提供分词、词性标注、未登录词识别等功能，且支持用户自定义词典。

第四节　数据采集实例

在基于搜索和网络爬虫的数据采集方法中，影响数据采集完整性的关键因素是搜索所使用的词表。本节将使用多种途径收集词条并采用词表扩展方法尽可能构建完备的词表。

---

① https://github.com/fxsjy/jieba.

一、搜索词表的构建

动态风险信息的四元组模型中，主体包含食品生产经营者、有害因素和损失后果。有害因素可以从静态风险信息中获取。动态风险信息的获取主要任务是获取食品生产经营者和损失后果。

责任者即为食品生产和经营者，其名称可以分为通名和专名，通名如"食品公司""餐馆""副食店"等，专名是具体某一家食品生产和经营的企业名称，如"西王食品科技有限公司"等。这类名称属于组织机构名，在使用中还存在全称、简称、俗称等现象。食品生产和经营者名称表的词条来自国家市场监督管理总局网站公布的食品生产许可获证企业[①]，其中 QS 认证 131866 家，QC 认证 39298 家，食品添加剂生产许可获证企业 277 家。上海市政府数据服务网提供了食品行业企业的详细信息[②]，包括保健食品生产单位、食品流通企业、餐饮企业、食品生产企业、集体用餐配送企业等，数据截止日期为 2015 年 12 月，各类企业 104696 家（不含个体户）。北京市政务数据资源网提供了食品及相关产品许可证获证企业[③]，由北京市质量技术监督局整理，数据截止日期为 2011 年 7 月 6 日，均为食品生产企业，许可证数量 2091 个，企业数量为 1627 家。该数据是北京市质量技术监督局登记备案的食品及相关产品许可证获证企业信息，包括名称、生产地址、证书内容属性字段。

本文收集的样本包含 10 万条经营者名称，经过统计和分析，名称中常用字符如表 4-2 所示，高频次的前 20 个字符串覆盖了食品经营者名称的 40.78%。

表 4-2　食品经营者名称字符统计

序号	字符串	频次	占比
1	餐饮管理有限公司	13398	12.60
2	食堂	8764	8.24
3	小吃店	5852	5.50
4	饮食店	2724	2.56
5	饭店	2076	1.95

① 查询时间 2016 年 9 月 17 日，http：//app1.sfda.gov.cn/datasearch/face3/dir.html.

② http：//www.datashanghai.gov.cn/.

③ http：//www.bjdata.gov.cn/zyml/azt/cyms/spaq/aqspsc/index.htm.

续表

序号	字符串	频次	占比
6	酒店	1836	1.73
7	点心店	1341	1.26
8	饮品店	1139	1.07
9	酒业有限公司	1123	1.06
10	生物科技	1023	0.96
11	食品有限公司	913	0.86
12	咖啡有限公司	520	0.49
13	面馆	514	0.48
14	快餐店	476	0.45
15	酒楼	372	0.35
16	菜馆	312	0.29
17	火锅店	274	0.26
18	茶业有限公司	242	0.23
19	食品厂	242	0.23
20	酒吧	216	0.20
	合计	43357	40.77

资料来源：笔者整理。

　　食品生产经营者的名称可以从食品监管部门和工商管理部门的数据中提取。但相当多食品生产经营者存在无照经营，因此，还需要获取无照经营者的名称。为了有效抽取这类经营者的信息，可以使用通名。我国境内的企业名称受到国务院《企业名称登记管理规定》的约束①，有固定的命名格式，一般是"行政区划名称＋字号＋所属行业＋组织形式"，如"上海贝婴美生物科技有限公司""北京华爱食品有限公司"。

　　使用国家食品药品监督局和上海食品药品监督局的数据库中企业名称数据和检查通报中的无证照的经营者名称数据，抽取出常用字和通名。抽取步骤是首先汇集经营者名称，然后对经营者名称进行分词处理，统计词频，选择词

---

① 　国务院.企业名称登记管理规定［EB/OL］.北京：中国政府网，2012–11–9［2015–04–05］.http：//www.gov.cn/gongbao/content/2012/content_2275411.htm.

频较高的词语，并去除可能导致歧义的词语。

食品名称也较为复杂，存在标准名、通名、俗名和商品名的不同用法。食品行业按不同品类规定了食品产品标签应标注的食品名称和商标名称。我国农业部组织制定了《〈农产品分类〉农业行业标准（征求意见稿）》[①]，其中也规定了农产品的命名规则。

鉴于食品标签上都须标注食品名称，因此食品标签是一个便捷的食品名称来源，本书从国家食品药品监督管理总局网站数据查询专栏中国家食品安全监督抽检和省级食品安全监督抽检查询结果中获取食品名称，共获取食品名称2760个，去除重复项后为228个，228个名称一般是品类名，如"乳制品""速冻食品"等。另外，从百度文库得到常见食品名称表[②]，表中含有食品名称335个，以俗称居多，如"土豆""煎蛋卷"等。

风险管理中，损失后果的类型与风险管理目标直接相关。以食品监管部门为主体的食品安全风险管理，消费者的身体健康自然是最重要的利益，对健康的损害是主要的损失。另外，也包括消费者购买产品和治疗食源性疾病的财产损失。依据风险中利益的定义和内涵，损失后果词表中词条的类型包括：疾病名称，主要是食源性疾病的名称；疾病的症状，如恶心、呕吐；消费者的主观感受。消费者的主观感受可以作为食品质量安全的参考。不良的主观感受提示了产品的可能的潜在问题。前两类词条可以从静态风险信息中获取。

为了满足实验要求，本书还从研究文献、工作手册等收集了部分有害因素名称和损失后果名称，最终得到主题词表及词条数量汇总后如表4-3所示。

表4-3 本书采集的主题词表

类别	词条数	主要来源
责任者名称表	106323	上海政务数据网、北京政务数据网
食品名称表	558	上海政务数据网、百度文库
有害因素表	384	食品安全伙伴网、研究论文
损害后果表	172	研究论文、食品安全伙伴网

汤慧民等收集了物理因素、化学因素、生物因素等多种有害因素，论文

---

① http：//www.caqs.gov.cn/News/Detail/？ListName=农业标准专栏~03意见征询&UserKey=HHB2S9N34UHDX9PC.

② 百度文库，http：//wenku.baidu.com/view/4db5fde96294dd88d0d26b6d.html.

列出有害因素名称 150 个 ①。在《食品中化学污染物及有害因素监测技术手册》② 中获得化学有害因素词条 262 条。储君以人工筛选的方式确定婴幼儿配方乳粉安全事故负面主题词，再通过查找汉语主题词表的方式进行词表扩展，补充上位词、下位词及同义词，得到婴幼儿配方乳粉安全事故负面词表，共有 161 条 ③，在此基础上，本书从食品安全伙伴网中补充词条 11 条，合计词条数为 172。

依据风险理论，风险事件和损失后果是风险的主要构成因素，而风险事件是风险的直接原因。风险事件在食品安全管理中主要表现为企业的风险行为。食品安全领域的学者总结了食品安全事件的 8 种类型，分别是有害生物污染事件、制假售假事件、天然毒素中毒事件、农药污染中毒事件、违禁添加物事件、变质食品事件、食品标签不规范事件、食品结构不科学事件 ④。除了天然毒素中毒事件外，其他 7 种均与食品生产经营者的行为有关。本研究将食品生产经营者的风险行为总结为两类，一类是主动行为，另一类是消极行为。主动行为有使用不合适的食品原料和食品添加剂，如使用变质食材，超量使用添加剂或使用违禁添加剂。消极行为有不严格执行食品加工程序，加工场所卫生条件差等。

负面行为表来自国家市场监督管理总局的多种文档，如食品企业的安全审计通告、检查与处罚记录。2016 年 9 月，从原国家食品药品监督管理总局网站获取到安全审计通告 20 篇 ⑤。从企业违法、违规等不良行为中人工筛选出核心词汇。上海市食药监局对餐饮企业检查与处罚的记录中"厨房有一个从事切配菜员工未戴口罩"，"未戴口罩"就是一种不良行为。一种不良行为可能对应多个搜索词，为了能够尽可能完整地采集信息，只使用核心词进行搜索，如"未戴口罩"可以表述为"未带口罩"、"没有带口罩"等，只使用"口罩"进行搜索。在后期处理中，加入情感（态度计算）和极性识别算法以辨别表述是贬义还是褒义。

汉语词表扩展的常用方法有汉语主题词表、同义词词林和知网。汉语主题词表是我国第一部大型综合性叙词表，按社会科学与自然科学两个系统分别

① 汤慧民，胡小静，杨爱民 . 影响食品安全的因素分析 [J]. 中国食物与营养，2009，119（8）：14-16.
② 王竹天，杨大进 . 食品中化学污染物及有害因素监测技术手册 [M]. 北京：中国标准出版社 .
③ 储君 . 基于网络自媒体数据的婴幼儿奶粉食品安全风险预警分析 [D]. 天津：南开大学，2016.
④ 张志健 . 食品安全事件管理 [M]. 北京：化学工业出版社，2015：2-30.
⑤ 查询时间 2016 年 9 月 17 日，http://www.sfda.gov.cn/WS01/CL1827/index.html.

编列，主要包括主表（字顺表）、词族索引、范畴索引、英汉对照索引等附表。1980 年第一版汉表共分三卷十个分册，收录正式主题词 91158 条，非正式主题词 17410 条[①]。1991 年，中国科学技术情报研究所对自然科学部分进行了修订与增补，增订后主表共收录主题词 81198 条，其中正式主题词 68823 条，非正式主题词 12375 条。对原表增补新词 8221 条，删除不适用词 5434 条[②]。同义词词林是哈尔滨工业大学信息检索研究室参照多部电子词典资源编制的，《哈工大信息检索研究室同义词词林（扩展版）》。最终的词表包含 77343 条词语，区别多义词后为 90114 项词条。同义词词林按照树状的层次结构把所有收录的词条组织到一起，把词汇分成大、中、小三类，大类有 12 个，中类有 97 个，小类有 1400 个。小类中的词根据词义的相近与相关，再细分为两层，这样词林对词语的分层共 5 层[③]，如图 4-5 所示。知网（英文名称 HowNet）描述了概念的上下位关系、同义关系、反义关系、部件—整体关系、属性—宿主关系、材料—成品关系等[④]。

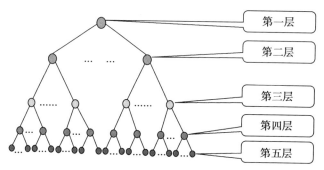

图 4-5　同义词林的层次结构

资料来源：引自 http：//ir.hit.edu.cn/demo/ltp/Sharing_Plan.htm。

哈尔滨工业大学编制的同义词词林和董振东先生编制的知网（HowNet）资源都可以免费使用，且数据格式为机读格式，容易自动化处理，因而本书使用这两种资源进行词表扩展。同义词词林的存储格式为 ACCESS 数据库，利用

① 中国科学技术情报研究所，北京图书馆．汉语主题词表［M］．北京：科学技术文献出版社，1980.
② 中国科学技术情报研究所．汉语主题词表：自然科学（增订本）［M］．北京：科学技术文献出版社，1991.
③ 《哈工大信息检索研究室同义词词林》（扩展版）说明［EB/OL］．http：//ir.hit.edu.cn/demo/ltp/Sharing_Plan.htm.
④ http：//www.keenage.com/zhiwang/c_zhiwang.html.

ACCESS 的编程语言 VBA 可以方便地实现读取词表，查询数据库，并将扩展后的词表输出为文本文件。

表中的编码位是按照从左到右的顺序排列。大类用大写英文字母表示，中类用小写英文字母表示，小类用二位十进制整数表示，第四级用大写英文字母表示，第五级用二位十进制整数表示，第八位的标记有 3 种，分别是"="、"#"、"@"，"="代表"相等"、"同义"。末尾的"#"代表"不等"、"同类"，属于相关词语。末尾的"@"代表"自我封闭""独立"，它在词典中既没有同义词，也没有相关词。本书使用前 7 位编码相同且第 8 位为"="的编码作为扩展同义词的判别依据。经过数据表查询，查询结果为负面行为表中有 81 个词拥有同义词和相关词，词条数为 1356 个，去除重复项后为 833 个词条。同义词词林拥有 77343 条语语，我们人工总结的词表为 135 个词语中有 120 个词语可以在同义词词林中查询到，该词典收录的词语较为广泛。查询得到的同义词和相关词并不能直接作为负面行为词表，还需要人工筛选。

经过同义词词林查询后的词表如表 4-4 所示。经过观察，有些同义词是合理的，有些同义词明显与食品安全问题无关，不应作为检索词。例如"欠缺"的同义词中"缺陷""缺欠"是可以的，但"短"明显不合适，因此还需要人工筛选。经过人工筛选后，得到同义词词条。筛选的标准主要是相关性和检索的颗粒度。相关性是该扩展词是否与食品安全问题相关。有些扩展词会导致检索结果过多，尤其是单字词，如"规范"的扩展出同义词"法""准""谱"，在一般文本中出现频率较高的单字词不适合做检索词。经过筛选后，增加同义词 375 个。行为状态词表的来源和数量如表 4-5 所示。经过两种信息渠道，并经过同义词词林扩展后，得到不重复的词条 471 个。

表 4-4　同义词词林扩展样例

原词条	词林编码	同义词
欠缺	Dd02B01=	缺点
欠缺	Dd02B01=	缺欠
欠缺	Dd02B01=	缺陷
欠缺	Dd02B01=	短处
欠缺	Dd02B01=	短

续表

原词条	词林编码	同义词
欠缺	Dd02B01=	瑕疵
欠缺	Dd02B01=	瑕玷
伪劣	Ed03B03=	恶劣
伪劣	Ed03B03=	低劣
伪劣	Ed03B03=	粗劣
伪劣	Ed03B03=	卑劣
伪劣	Ed03B03=	拙劣
伪劣	Ed03B03=	猥陋
伪劣	Ed03B03=	卑下

表 4-5　行为状态词表来源

序号	来源	数据量	词条数	示例	备注
1	上海食药监局监管记录	92859 条记录 202 万字	109	未穿戴、生熟混放、超范围	
2	国家食药监局食品安全审计通告	20 篇 1.26 万字	26	编造、漏水、无法追溯	
3	同义词词林	90114 项词条	375	缺陷、低劣	
合计			471		去重复

二、专业机构数据的采集实验

本节通过实验验证从机构网站采集数据的可行性。实验选取食品伙伴网食品数据库作为信息源[①]。食品伙伴网是提供食品安全信息的商业化网站，本节从食品伙伴网通过手工查询和软件抓取的方法，获得部分数据作为实验数据。实验仅说明现有的食品安全行业数据是可以转换为本书定义的风险信息的结构，如果需要构建一个应用系统，则可以选择使用数据库工具将数据直接导出后处理，更为准确和完整。

食品安全的风险因素中化学污染物和生物污染物是最主要的风险因素。

---

① http://db.foodmate.net/.

因此本节选择这两类风险危害因素，获取其静态风险信息的元素。

首先是风险因素 h 的获取。在食品伙伴网中食品安全数据库中可以查询到化学污染物和生物污染物基本信息，化学污染物级别包括：CAS 编码、英文通用名称、中文通用名称、英文商品名称、中文商品名称、英文化学名称、中文化学名称；生物基本信息包括：英文名称、中文名称、属（拉丁文）、种（拉丁文）、属（中文）、种（中文）等。

风险损失可以从数据库中是否致癌物、是否基因致癌物、其他毒理学性质、对人体的危害和代谢情况等字段内容中获取。风险条件可以从相关限量标准字段内容中获取。

实验使用火车头浏览器作为数据抓取工具，电脑型号为 ThinkServer TS240，CPU 为（英特尔）Intel（R）Core（TM）i3-4130 CPU @ 3.40GHz，内存 4.00 GB。抓取速度受限于网络速度。实验环境中校园网络带宽实测仅为 1M–2M/S。实验抓取到 59 种微生物信息、43 种其他来源化学污染物信息和 216 种天然毒素信息，总计 318 种风险因素，用时 163 分钟。

三、社交媒体数据的采集实验

本节从微博中采集数据。实验将进行两组。一组是对特定对象数据的采集，特定对象可以是指定的企业、食品品类或地区等。另一组不限定对象，依据食品安全的风险因素，只要与食品安全有关即可，范围比较宽。

实验一：特定企业的风险信息采集

本实验选自 A 品牌和 B 品牌相关的微博作为数据采集对象。选择二者的主要原因如下：一是数据量适中，A 品牌和 B 品牌是以肉类加工为主的大型食品集团，其中 A 品牌是中国制造企业协会评选出的 2014 年中国制造 500 强企业之一[①]，火腿肠的产销量大，消费者多，近三年微博数量在万条左右。二是数据噪声小，A 品牌和 B 品牌的业务集中于食品产业链，与食品无关的业务很少，比食品无关的微博相对少。三是具有实践应用价值，肉类加工产业链长，影响食品安全的因素多，食品安全形势严峻[②]，如大肠杆菌超标、瘦肉精问题、"僵尸肉"过期冷冻肉事件和病死猪问题等。

[①] 中国制造业协会．中国制造 500 强［EB/OL］．2015-08-28［2016-03-04］．http://www.cmea.com.cn/a/gb2312/zuixingonggao/2015/0828/796.html.

[②] 李丹，王守伟，臧明伍等．我国肉类食品安全风险现状与对策［J］．肉类研究，2015（11）：34-38.

数据采集方法选择关键词搜索并使用网络爬虫自动采集。本章第一节中介绍了微博的信息源特征和数据采集方法。数据采集有多种方法可供选择，本章实验的目标是验证动态风险信息元素抽取的可行性，并从中分析其存在的问题。因而并不需要全面完整地对所有食品企业、所有食品品类进行数据采集，也不需要实时监测，因而不采用应用程序接口（API）的方式采集。网络爬虫可以指定搜索词，设定微博的日期范围，返回内容丰富，可以满足实验要求。

本书采集了2013~2016年的微博数据。采集的具体方法是使用微博的高级检索功能，指定日期为2013年1月1日至2016年12月31日，搜索词分别为"A品牌"或"B品牌"。采集工具为火车头脚本编辑器，由于新浪微博对采集速度有限制，因此在脚本中将数据采集速度限制为每分钟10条微博。

通过以上方法，本书获取到有关A品牌的微博4288条，去重后4164条；有关B品牌的微博1659条，没有重复微博。采集的数据项有博主昵称、博主用户类型、微博内容、发布时间、转发数、评论数和点赞数等。

实验二：依据风险元素的数据采集

风险元素包括了危害因素、行为状态、损失后果等，本章第三节所构建的词表如责任者名称表、食品名称表、有害因素名称表、损害后果表和行为状态表都可以用于搜索微博。以责任者名称或食品名称进行搜索，会得到与食品相关的微博，但如果以有害因素名称、损害后果词表和行为状态表进行搜索，仍然会得到与食品安全无关的微博。因此，为了提高查准率，可以利用搜索的逻辑与功能，每次输入两个搜索词，可以有效提高查准率。行为状态词表含有词条471个，损害后果词表含有词条171个，二者的组合数为75831个；有害因素名称表含有词条384个，与损害后果词条的组合数为61824个。本节实验随机选择了两个组合各800组搜索词进行了搜索实验。在新浪微博使用普通用户登录后，输入搜索词，点击搜索，然后提取搜索结果的微博内容。上述步骤均使用火车头浏览器脚本自动完成。搜索结果仅提取2013年1月1日至2016年12月31日发布的微博。采集结果如表4-6所示。

表4-6　依据搜索词表的微博采集结果

序号	词表组合	组合数量	实验数量	获取微博数量	查准率
1	行为状态＋损害后果	75831	800	57641	低
2	有害因素＋损害后果	61824	800	17362	高

800 组"行为状态 + 损害后果"的关键词，得到了 57641 条微博，而 800 组"有害因素 + 损害后果"的关键词，得到了 17362 条微博。搜索结果数量较大，难以逐一检查是否与食品安全有关，因此采用固定抽样间距的系统抽样方法估计查准率。对第一组，选择间距为 1000，抽取微博样本数量为 57，其中 16 条与食品安全有关，查准率为 28.07%；对第二组，选择间距为 200，抽取微博样本数量为 86，其中 35 条与食品安全有关，查准率为 41%。显然，第二组搜索词比第一组高出很多。第一组"负面行为 + 损害后果"的搜索结果中会有大量与食品无关的微博。

第五节　微博数据集的统计分析

统计分析是常用的微博数据分析方法。社交媒体中夹杂了大量冗余信息，用户生成的内容包含新信息，但多数是转发信息。这给社交媒体的挖掘和利用带来极大困难。社交媒体有效信息的抽取非常关键。一般而言，有两条路径可以选择，第一条是汇总信息，在数据量足够大的情况下，使用统计量；第二条路径是筛选有价值的价值。本节首先应用常用的微博内容挖掘方法对食品生产营业者的微博做一个宏观分析，然后在第五章使用信息抽取的方法抽取动态风险信息元素。

对微博的内容分析最常用的方法是对文本情感倾向计算和话题提取，本节也使用该方法，对采集到的微博进行整体描述。

数据集选用本书第四章第四节实验一获取的数据集：有关 A 品牌的微博 4288 条，使用字符完全匹配的方法去重后 4164 条；有关 B 品牌的微博 1659 条，没有重复微博。

一、情感倾向的计算方法

本书针对的特定领域的微博文本，缺少相关领域的标注文本，因而采用词典的方法计算情感倾向较为合适。词典法可以修改通用的情感词典，建立特定领域的情感词典，有利于提高情感分析的准确率[1]。纪雪梅在研究舆情的演

---

① 梅莉莉，黄河燕，周新宇等.情感词典构建综述［J］.中文信息学报，2016，30（5）：19-27.

变规律中扩展了情感的类别，分为 10 大类合计 32 个细类①，这说明了情感词典的计算方法具有良好的扩展性和广泛的适应性。本书采用了其情感词表，但为简化计算过程，结果仍然输出为最经常使用的正面、中性和负面情感倾向三类情感。采用 Python 编码实现了计算过程，算法步骤描述如下：

1. 文本单元切分

算法输入为微博文本，一条微博的文本内容可以视为多个单句组成的篇章。一般进行情感计算最小对象为单句，因此需要将篇章切分为单句的集合，然后对单句进行分词。

分词结果的准确率对后续算法的性能有较大影响。聚类和观点挖掘算法都是以词作为最基本的特征，如果分词错误，意味着特征错误，自然影响到处理效果。本研究使用哈尔滨工业大学的 LTP 平台云分词功能对微博文本分词，该平台使用的技术在 CLP 2012 评测任务 1 "微博领域的汉语分词"中取得了第二名的成绩，准确率、查全率和 F 值在 92% 左右②，最佳的系统表现接近 95%③。

2. 标示单词情感类别并赋值

基于情感词表，对文本中每个词标示类别并赋予权值。除了情感词词表，还需要标示否定词和程度副词。

程度副词影响情感词的表达强度。比如，上例中"很"的修饰使"不干净"的极性倾向程度发生了变化，这比不使用"很"表达意思更加强烈。为了准确计算文本的情感倾向，需要做相应的权值调整。本书构建了程度副词词表，来源于知网，选用"情感分析用词语集"（Beta 版）中的"中文程度级别词语"共 219 个。

3. 计算篇章情感值

篇章情感值计算的核心思想是对所有情感词词簇的情感值求平均值。

情感词词簇情感值 = 否定词极性 × 程度词权重 × 情感词权重

篇章情感值是该句中所有情感词词簇的和。该算法较为简单，没有考虑篇章长度的影响。如果情感的类别不止正和负，显然篇章的情感值是个

---

① 纪雪梅. 特定事件情境下中文微博用户情感传播研究 [D]. 天津：南开大学，2014.

② http://www.ltp-cloud.com/intro/#cws.

③ Huiming D, Zhifang S, Ye Tetc. The CIPS-SIGHAN CLP 2012 Chinese Word Segmentation on MicroBlog Corpora Bakeoff [C] //Proceedings of the Second CIPS-SIGHAN Joint Conference on Chinese Language Processing（CIPS-SIGHAN2012）（2012），Tianjin: CIPS-SIGHAN, 2012: 35-40.

多维向量。

二、微博用户类型的统计结果

本书按用户类型统计了微博数量和情感倾向。如表 4-7 和表 4-8 所示，发文较多的是微博机构认证用户和未认证用户。机构认证用户发布的微博情感倾向以正面为主，数量占比超过 60%，而未认证用户的微博三种情感倾向数量较为均衡，正面倾向微博数量略高于负面倾向微博数量。有关 B 品牌的1659 条微博中，B 品牌官方微博仅 80 条，占比较小。微博机构认证用户除了B 企业，还包括各类媒体、政府机构等，以媒体用户居多。

表 4-7　有关 A 品牌的微博用户类型汇总

用户类型	正面微博条数	中性微博条数	负面微博条数	合计
未认证用户	796	384	710	1890
微博机构认证	555	122	232	909
微博个人认证	309	84	213	606
微博达人	252	86	201	539
微博会员	110	60	50	220
合计	2022	736	1406	4164

资料来源：笔者整理。

表 4-8　有关 B 品牌的微博用户类型汇总

用户类型	正面微博条数	中性微博条数	负面微博条数	合计
未认证用户	279	173	232	684
微博机构认证	330	69	129	528
微博个人认证	94	35	87	216
微博会员	48	36	42	126
微博达人	47	22	36	105
合计	798	335	526	1659

资料来源：笔者整理。

　　图 4-6 和图 4-7 更直观地显示了不同类型用户在微博中提及 A 品牌或 B 品牌的情感倾向。不同类型用户发布微博的情感倾向存在显著差异，机构认证用户发布正面情感倾向的微博居多，占比 62.5%（330/528），而微博个人用户和未认证用户发布的微博中正面情感倾向的微博数量与负面倾向的微博数量基

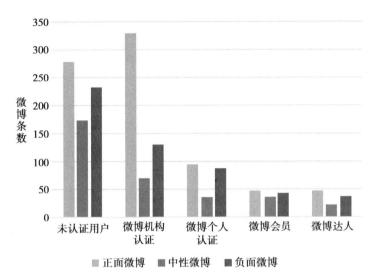

图 4-6　不同类型微博用户在有关 B 品牌微博中的情感倾向

资料来源：笔者整理。

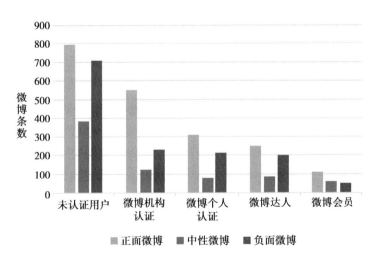

图 4-7　不同类型微博用户在有关 A 品牌微博中的情感倾向

资料来源：笔者整理。

本相当。该结论提示在利用社交微博进行风险管理中，微博用户类型是重要的考量因素。

三、微博数量的年度统计结果

有关 A 品牌的微博数量年度差别很大，从 2013 年至 2015 年，逐年减少，但 2016 年大幅增加，如图 4-8 所示。经分析，2016 年有大量注水的微博，营销"软文"，如"当时根本就没有火腿肠好吧，不过我还是喜欢 A 品牌，好像什么东西都是在那边想得不行，回来以后就还好啦"的文本被 108 个微博用户发布，发布时间集中在 2016 年 10 月 28 日至 11 月 8 日。

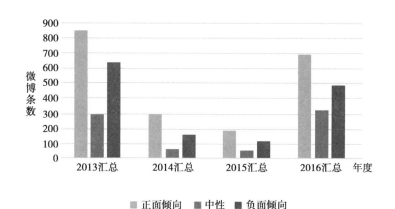

图 4-8　有关 A 品牌的微博情感倾向年度汇总

资料来源：笔者整理。

A 品牌的情感倾向，按年度汇总，各年度变化不明显，正面情感倾向的微博占 50% 左右，负面情感倾向的微博占 30%。B 品牌的微博数据是逐年递增的，2016 年增长尤其显著，如图 4-9 所示。总体来看，B 品牌的微博情感倾向，2013 年、2014 年情感倾向正面的微博数量减少明显，低于 50%，中性增加，而负面倾向的微博数量占比超过 30%，分别为 36.28%、34.51%，高于同期 A 品牌的负面微博的占比 35.86%、30.48%。而据原国家食品药品监督管理局的监督抽检数据，截至 2017 年 3 月 7 日，B 品牌产品被抽检 239 批次，不合格产品 2 批次，不合格原因分别是菌落总数超标和西马特罗（一种瘦肉精）被检出，生产日期分别为 2014 年 8 月和 2015 年 6 月。检测和公示均在 2015

年，因此微博中超出同类产品的负面评论提示了该品牌——B品牌不合格产品的高风险，国家食品药品监督总局的抽检结果验证了这一风险。而A品牌产品被抽检693批次，无不合格产品。

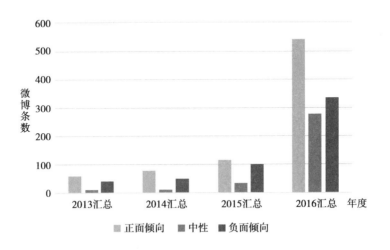

图4-9 有关B品牌的微博情感倾向年度汇总

资料来源：笔者整理。

负面情感倾向微博的数量可以提示风险，但表达负面情感的微博中有些是消费者的偏见或者竞争对手投放的攻击性微博。例如："垃圾食品、垃圾品牌、垃圾企业，请务必记住：A品牌""没有肉味，全部是添加剂的香味，害人、缺德!""本人负责任地告诉大家，这种火腿肠里添加剂绝对超标!"因此，微博的细粒度情感分析还是必要的。

四、微博话题分析

微博的主题提取选用了LDA模型，使用Python程序设计语言的Gensim库实现。该LDA模型基于Hoffman等提出的LDA模型，并针对在线文本进行了改进[①]。实验环境为Linux操作系统、Python 2.7版本。LDA模型可以设定输出的话题数量，本书选择了输出5个话题进行分析。

A品牌与B品牌的正面情感倾向的微博话题差异不大。通过分析话题词语，

---

① Matthew D. Hoffman, David M. Blei, Francls Bach.Online learning for Latent Dirichlet Allocation [EB/OL]. 2010-12-12 [2015-09-01]. http://www.cs.princeton.edu/~blei/papers/HoffmanBleiBach2010b.pdf.

阅读对应的微博内容，本书对话题进行了解读，5个话题主要是企业的市场营销活动和正面的宣传报道，也有消费者发布的消费体验。话题详见表4-9和表4-10。

表4-9　有关A品牌的正面倾向微博的话题分析结果

序号	主题词语	解读
1	A品牌发展，两会，十强，名单，河南	企业形象宣传
2	企业，分红，困扰，公司，不来，涨停板	企业股票新闻
3	一半，A品牌集团，品牌，读书，引领，俱乐部	企业营销活动
4	物流，冷链，供应链，上海，短期，传统	企业形象宣传
5	漯河市，联欢晚会，局长，青少年，呈现出	企业营销活动

表4-10　有关B品牌的正面倾向微博的话题分析结果

序号	主题词语	解读
1	环保，形象大使，首届，魅力，评选	企业营销活动
2	买，吃，值得，香肠，德州，企业	微博用户评价
3	环保，环境，选手，山东，集团	企业营销活动
4	买，超市，好，吃，品牌，临沂	企业形象宣传
5	肉粒，好，吃，亿，王	企业营销活动

　　A品牌和B品牌的负面情感倾向的话题分析结果如表4-11和表4-12所示。两者对比可以发现，B品牌和A品牌的负面情感倾向的微博在话题分布上有较大差异。A品牌因为收购美国史密斯菲尔德公司而引起大量讨论，讨论的主题分为两个，一个是A品牌的股票价格，二是因美国允许使用部分种类的瘦肉精，收购史密斯菲尔德引发大量负面情绪的微博。B品牌的负面情感倾向微博来自消费者、媒体报道，且集中于对产品的讨论。

表4-11　有关A品牌的负面倾向微博的话题分析结果

序号	主题词语	解读
1	吃，东西，里，恶心，买	消费者的负面评价
2	认识，买，今天，A品牌发展	A品牌股票的负面评价
3	牛肉，煮，买，再，晚上，有毒	消费者的负面评价
4	事件，收购，美国，企业，瘦肉精	A品牌收购美国公司
5	A品牌，凤姐，网游，小孩，婚姻	网络中传播的负面微博

表 4-12　有关 B 品牌的负面倾向微博的话题分析结果

序号	主题词语	解读
1	C 品牌，检疫，曝光，香肠	媒体的负面报道
2	德州，央视，猪肉，检疫	媒体的负面报道
3	鸡肉，鸭，吃，猪肉	消费者的负面评价
4	D 品牌，大肠杆菌，火腿，超标	政府抽检公告
5	山东，消费者，徐某，投诉，肉粒多	消费者投诉信息的传播

话题抽取结果可以进一步帮助管理者分析微博的内容，尤其是负面情感倾向微博的主要话题，可以总体把握微博用户对某一厂商或产品的评价，避免将用户对企业非食品安全话题（如企业投融资等财务管理行为）的评论作为食品安全话题评论处理。

第五章　社交媒体的风险信息抽取方法

本书第四章从互联网信息源中获取了有关食品安全的内容，但这些内容仅仅是数据。信息是对诸如谁、什么、为什么、何时、多少等问题的描述与回答。从数据到信息，还需要进行结构化整理。本章探讨将互联网数据转换为有效信息的方法。第一节讨论风险信息元素抽取的目标，分析现有信息抽取技术抽取风险信息元素的适用性；第二节提出一种基于依存语义分析和词表筛选的信息元素抽取方法；第三节进行实验和结果分析。

第一节　风险信息元素抽取任务

依据风险信息的定义，风险信息是与风险各要素相关的信息，因而需要使用某种方法对数据进行处理，才能得到风险信息。元素抽取可以归结为信息抽取任务。信息抽取任务是输入待处理的文本，按照一定的方法从中抽取指定的信息，输出到含有多个槽（Slot）的结构化模板（Template）。但风险信息元素抽取任务有其特殊性，传统的信息抽取技术并不完全适用。

一、静态风险信息元素抽取

食品安全管理中静态风险信息主要来自食品安全研究领域的科研成果，食品安全管理机构积累了大量有关食品有害因素的信息。食品安全管理机构将已有的数据转换为本书定义的五元组结构较为容易。在静态风险信息的五元组中，风险因素、损失发生的条件和损失后果是核心。本书第四章实验部分获取到的专业机构网站的数据可以直接映射为静态风险信息的三种元素。另外，静态风险信息体现了领域的知识，数据量不会很大，且更新速度慢，因而可以由专家进行结构化分析和处理。

第四章实验中本书抓取的数据包含318种风险因素，一部分风险因素可以在不同条件下造成多种损失，因此会分化为多条风险信息。本书将不同人群、不同疾病类型分为多项损失，如果不同摄入剂量造成的损失不同，则分为多个条件。经过整理后，得到 501 条风险信息记录。样例数据如表 5-1 所示。

表 5-1　静态风险信息数据样例

风险因素	损失	条件
空肠弯曲菌	孕妇感染本菌可导致流产，早产	多种动物如牛、羊、狗及禽类的正常寄居菌。在它们的生殖道或肠道有大量细菌，故可通过分娩或排泄物污染食物和饮水
	新生儿可受感染	多种动物如牛、羊、狗及禽类的正常寄居菌。在它们的生殖道或肠道有大量细菌，故可通过分娩或排泄物污染食物和饮水
放线菌属	引起内源性感染，导致软组织的化脓性炎症	机体抵抗力减弱、口腔卫生不良、拔牙或外伤
亚硫酸盐还原梭状芽孢杆菌	条件适宜时又会生长繁殖，造成食品品质降低或腐败，甚至会引起食物中毒的危险	［挪威］水产品—微热处理，真空包装食用中亚硫酸盐还原梭状芽孢杆菌的残留限量规定
炭疽杆菌	炭疽传染病	病畜、动物尸体及受污染的皮毛而感染
肉毒梭菌	神经毒素及肉毒毒素，这些毒素能引起人和动物的肉毒中毒,感染剂量极低，每个人都易感染	引起中毒的食品有腊肠、火腿、鱼及鱼制品和罐头食品等；日本以鱼制品较多，在我国主要与发酵食品有关，如臭豆腐、豆瓣酱、面酱、豆豉等。其他引起中毒的食品还有：熏制未去内脏的鱼、填馅茄子、油浸大蒜、烤土豆、炒洋葱、蜂蜜制品等

资料来源：笔者整理。

在表 5-1 中，损失和损失发生的条件依然是用自然语言描述的，这不利于静态风险信息和动态风险信息的关联。因而进一步的处理需要借助本体，将损失和损失发生的条件进一步规范化定义和表述。鉴于食品安全领域的本体尚不完善和统一，有关本体的构建不在本书的讨论范围内。因此本书实验中不再对信息进行本体化描述。但借助本体对静态风险信息进行描述是必要的。

二、动态风险信息元素抽取

依据动态风险信息的定义，本书希望可以抽取到细粒度的信息要素。动态风险信息元素中主体、对象和行为是核心元素。

主体和对象可以归结为命名实体识别问题。行为与静态风险信息中的条件有关联，难以归入现有的信息抽取类别。

已有一些研究尝试从文本中挖掘安全事故。杨跃翔等（2014）提出了一种基于文本聚类算法的消费品安全事故信息挖掘方法。该方法首先收集消费品安全事故的案例或者描述文本，以此作为训练文本，然后采集更广泛的待挖掘文本，使用 FCM（Fuzzy C-mean）算法对待挖掘文本进行聚类，聚类结果一般分为事件描述、处置措施、事件影响和原因分析等主题。聚类准确率、查全率在85% 以上。聚类方法的缺陷是主题划分的颗粒度比较大，作为一种机器学习的算法，其性能与预先收集的安全事故的案例规模密切相关，不适用于本书定义的风险信息的元素抽取。

信息抽取的常用方法有词表法、语言规则的方法和概率模型的方法。概率模型的方法需要大规模的标注语料进行机器学习才能有良好的性能，在风险识别领域缺少这样的语料，因此该方法不适用于风险识别。词表法适用较为封闭的信息抽取，而风险识别中对新风险因素的识别也至关重要，因而完全采用词表法也不理想。微博的内容话题很丰富，使用语言规则的方法会抽取出大量无关信息，需要进一步筛选，因此本研究将设计语言规则与词表法相结合的方法，首先使用语言规则的方法抽取出候选信息，然后使用词表法和语义相似计算的方法进行筛选。

第二节　信息元素抽取方法设计

语言规则的方法是信息抽取的经典方法，有较长的使用历史。该方法基于文本中上下文的特征，总结语言规则，形成抽取模板，然后使用抽取模板抽取目标信息。模板的数量和质量对抽取的性能有直接影响。因而该方法的关键是如何构建最佳的语言模板集合。风险信息抽取的任务希望获取尽可能多的相关信息，即较高的查全率，可以容忍一定阈值内的较低的准确率。而微博内容是非常广泛的，因而，使用语言规则的方法需要解决两个关键问题，一是如何选择语言规则，二是对信息进一步筛选。

命名实体识别和语义角色标注可以抽取出实体、动作等元素，但这样得到的信息数量是巨大的，而且相当多的一部分与风险无关。因此，风险评估策略是必要的。评估可以使用两条规则：

一是相关性。如使用语义相关和语义相似的计算方法进行相关性判断。

二是情感。对于采集到的微博数据，可以先通过微博的情感倾向进行筛选。

一、基于依存树分析的信息抽取方法

在第三章第二节，本书约定了动态风险信息实体的三种类型，即食品生产经营者、有害因素和损失后果。有害因素和损失后果都是较为封闭的集合，词表法识别更合适，食品生产营业者相对开放。食品生产经营者的名称是一般组织机构名称的子集，而组织机构名称识别是学界研究较多的一个领域，常用的方法有专家规则法、隐马尔科夫模型、条件随机场等。哈尔滨工业大学语言云 LTP 提供最基本的三种实体类型——人名、地名、机构名的识别，基于此可以识别食品经营者名称。

行为和状态的自动抽取需要对文本进行命名实体识别作为基础，以句法分析结果作为抽取的参考依据。

语言有两类结构，组合关系和聚合关系。组合关系反映了语言单位的组织形式。句子是词汇按约定的形式组织起来的，组合关系反映了词汇直接的语义关系。只有解析出句子中各个词语之间的句法关系，才能理解词语之间的语义关系。因而自然语言处理中自动句法分析是一个关键步骤。句法分析就是指对句子中的词语的语法功能进行分析，并标识其语法功能。不同的语法理论对应不同的句法分析算法，目前已有一些较成熟的句法分析器。面向信息抽取任务，一般采用依存句法分析器。在依存句法分析的基础上，还可以进行依存语义角色标注。

在汉语处理领域，哈尔滨工业大学提供的语言技术平台（LTP）能够完成分词、词性标记、命名实体识别和语义角色标注任务，且综合性能较好，如表5-2 所示。以下简要介绍该平台的特点。

该平台对微博的分词、句法分析和语义角色标注的效果略低于《人民日报》语料，但该技术平台也取得了较好的成绩，例如 CLP 2012 微博领域的汉语分词，评测结果位居第二名，CoNLL 2009 中多种语料的句法和语义依存分析评测，联合任务第一名。

表 5-2　哈工大语言云主要模块的性能指标

项目	测试语料	准确率	查全率	F 值
分词	《人民日报》1998 年	97.23%	97.04%	97.24%
词性标记	《人民日报》1998 年 1 月	97.83%	无	无
命名实体识别	《人民日报》1998 年 1 月	94.29%	94.05%	94.17%
语义角色标注	CoNLL 2009 评测数据集	84.44%	72.34%	77.92%

资料来源：依据 LTP 简介整理，http：//www.ltp-cloud.com/intro/#ltp。

　　哈工大语言技术平台的依存句法关系共 15 种，部分句法关系如表 5-3 所示。语义角色标注（Semantic Role Labeling，SRL）是一种浅层的语义分析技术，标注句子中某些短语为给定谓词的论元（语义角色），如施事、受事、时间和地点等核心的语义。

表 5-3　LTP 平台依存句法分析关系

关系类型	标记	描述	样例
主谓关系	SBV	subject-verb	我吃了一根火腿肠（我 ← 吃）
动宾关系	VOB	直接宾语，verb-object	我吃了一根火腿肠（吃 → 火腿肠）
前置宾语	FOB	前置宾语，fronting-object	他什么书都读（书 ← 读）
兼语	DBL	double	他请我吃饭（请 → 我）
定中关系	ATT	attribute	发霉的火腿（发霉 ← 火腿）
状中结构	ADV	adverbial	非常美丽（非常 ← 美丽）
动补结构	CMP	complement	做完了作业（做 → 完）
并列关系	COO	coordinate	添加剂和防腐剂（添加剂 → 防腐剂）
介宾关系	POB	preposition-object	在贸易区内（在 → 内）
左附加关系	LAD	left adjunct	大山和大海（和 ← 大海）
右附加关系	RAD	right adjunct	孩子们（孩子 → 们）
独立结构	IS	independent structure	两个单句在结构上彼此独立
标点	WP	punctuation	
核心关系	HED	head	指整个句子的核心

资料来源：依据说明文档整理，http：//www.ltp-cloud.com/intro/#dp_how。

角色有六种，常用 A0 通常表示动作的施事，A1 通常表示动作的影响等，A2~A5 表示受事。其余的 15 个语义角色为附加语义角色，如地点、时间、条件、方向等。部分语义角色标注类别详见表 5-4。

表 5-4　LTP 平台语义角色标记

标记	说明
A0	agentive case，施事
A1	动作的影响
A2~A5	Accusative case，受事，根据谓语动词不同会有不同的语义含义
ADV	adverbial，default tag（附加的，默认标记）
BNE	beneficiary（受益人）
CND	condition（条件）
DIR	direction（方向）
DGR	degree（程度）
EXT	extent（扩展）
FRQ	frequency（频率）
LOC	locative（地点）
MNR	manner（方式）
PRP	purpose or reason（目的或原因）
TMP	temporal（时间）
TPC	topic（主题）
CRD	coordinated arguments（并列参数）
PRD	predicate（谓语动词）
PSR	possessor（持有者）
PSE	possessee（被持有）

资料来源：依据语言技术平台说明文档整理，http：//www.ltp-cloud.com/intro/#dp_how。

语义依存分析是分析句子各个语言单位之间的语义关联，并将语义关联以依存结构呈现。依存语义关系详见表 5-5。

表 5-5　LTP 平台语义依存关系

关系类型	Tag	Description	例句
施事关系	Agt	Agent	我买了一包糖果（我 <— 买）
当事关系	Exp	Experiencer	我跑得快（跑 —> 我）
感事关系	Aft	Affection	我思念家乡（思念 —> 我）
领事关系	Poss	Possessor	他有一本好书（他 <— 有）
受事关系	Pat	Patient	他打了小明（打 —> 小明）
客事关系	Cont	Content	他听到鞭炮声（听 —> 鞭炮声）
成事关系	Prod	Product	他写了本小说（写 —> 小说）
源事关系	Orig	Origin	我军缴获敌人四辆坦克（缴获 —> 坦克）
涉事关系	Datv	Dative	他告诉我个秘密（告诉 —> 我）
比较角色	Comp	Comitative	甲味道比乙好（甲 —> 乙）
属事角色	Belg	Belongings	老赵有俩女儿（老赵 <— 有）
类事角色	Clas	Classification	他是中学生（是 —> 中学生）
依据角色	Accd	According	本庭依法宣判（依法 <— 宣判）
缘故角色	Reas	Reason	他在愁女儿婚事（愁 —> 婚事）
意图角色	Int	Intention	为了金牌他拼命努力（金牌 <— 努力）
结局角色	Cons	Consequence	他跑了满头大汗（跑 —> 满头大汗）
方式角色	Mann	Manner	球慢慢滚进空门（慢慢 <— 滚）
工具角色	Tool	Tool	该企业用烤箱加工饼干（烤箱 <— 饼干）
材料角色	Malt	Material	该企业用过期肉加工肉酱（过期肉 <— 肉酱）
时间角色	Time	Time	唐朝有个李白（唐朝 <— 有）

资料来源：依据 LTP 说明文档整理，仅列出了与本书抽取目标相关的依存关系。http: //www.ltp-cloud.com/intro/#dp_how。

二、信息元素抽取模板

动态风险信息元素抽取任务与细粒度观点挖掘中的元素抽取任务相似。在观点挖掘任务中，使用依存句法分析的结果抽取出评价词（Opinion Word）和评价对象（Aspect）也是一种有效的方法。为了准确地抽取出评价词和评价对象，研究者提出了各种精选模板的方法。最直接的策略是首先在已经标注的语料中观察和学习，找到可信度高的依存关系构建模板，其次利用这些模板在测试语料中进行抽取。然而标注语料的工作量比较大，为减少对标注语料的依赖，改进的策略是先给定一些种子词，使用自举法（Bootstrapping Method）去抽取一些候选词，再计算二者的互信息（Mutual Information），从而抽取到更多结果（Wang B，Wang H，2008）。在表述观点时，评价词和评价对象呈现较为固定的语法关系，因而可以使用简单的依存关系抽取，Qiu等（2011）使用了简单的依存句法分析结果抽取评价对象和评价词，抽取规则被形式化地定义为一个三元组，$[POS(w_i)，R，POS(w_j)]$，$POS(w_i)$ 和 $POS(w_j)$ 是两个词的语法标记，R 是依存关系，如果三者分别符合某些条件，则认定 w_i 或 w_j 属于评价词或评价对象。

模板可以使用人工总结的方法进行构建，也可以使用机器学习方法。但机器学习方法需要大量已经标注的语料。而有关风险信息元素的标注语料是缺乏的，标注需要的工作量很大。因此，本书将尝试观察依存树分析结果与风险信息元素的对应关系，初步构建抽取模板。

依据第三章第二节中定义的动态风险信息，本书选取了典型例句，分析依存句法的分析结果，总结抽取动态风险信息的要素的初始规则。所有例句均来自真实的微博文本。语义角色标注结果的典型例句如图 5–1 所示。分析结果来自哈尔滨工业大学语言技术平台的在线演示。图中第一行文字上方的弧形（实线）为句法分析结果，文字下方 A0、A1 为语义角色标记；第二行文字上方的弧形（虚线）为语义依存树分析，第三行文字上方的弧形（点线）为语义依存图分析。

例句一是"某某食品加工厂使用过期肉"，这是关于食品经营者行为的描述，分析结果如图 5–1 所示。图 5–1 中最上方弧形为依存句法分析结果，句法主干和修饰关系分析结果都是准确的。"加工厂"与"使用"是主谓关系（SBV），"使用"与"过期肉"是动宾关系（VOB），"某某"和"食品与加工厂"是定中关系（ATT），"过期"与"肉"是定中关系（ATT）。"某某食品加工厂"被准确分析为施事（A0）。"过期肉"被分析为动作的影响（A1），这个结果不准确，但结合后面例句的分析，LTP 平台在句法分析中倾向于将各种受事（A2~A5）标注为动作的影响结果，即 A1。然而语义分析结果得到了修正，"使用"与"肉"被准确地标注为受事关系（Pat）。

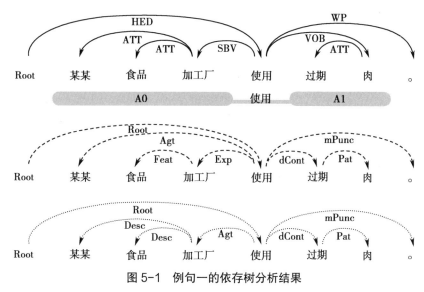

图 5-1　例句一的依存树分析结果

注：图中第一行文字上方的弧形（实线）为句法分析结果，文字下方 A0、A1 为语义角色标记，第二行文字上方的弧形（虚线）为语义依存树分析结果，第三行文字上方的弧形（点线）为语义依存树分析结果。

资料来源：http：//www.ltp-cloud.com/demo/。

例句二是"三聚氰胺会影响婴幼儿肾功能"，这是关于有害因素的描述，分析结果如图 5-2 所示。句法分析结果、语义角色分析结果、语义依存树分析结果都是准确的。"三聚氰胺"与"影响"的句法和语义分析结果分别为是主谓关系（SBV）和当事关系（Exp），而"影响"与"婴幼儿肾功能"的句法和语义分析结果分别为动宾关系（VOB）和受事（Pat）关系。不仅"婴幼儿肾功能"被分析为受事，而且"婴幼儿"与"肾功能"之间的语义关系也被具体分析为领事关系（Poss），这可以准确分离出遭受损害结果的人群，即婴幼儿这一特殊群体。语义分析结果的丰富信息对自动化地对风险结果分类统计是有价值的。

例句三是"该幼儿园儿童在吃过此品牌糕点后腹泻严重"，这是关于损害后果的描述，分析结果如图 5-3 所示。句法分析结果、语义角色分析结果、语义依存分析结果都是准确的。"该幼儿园儿童"与"腹泻严重"的句法和语义分析结果分别是主谓关系（SBV）和当事关系（Exp），而"吃过此品牌糕点"与"腹泻严重"的句法和语义关系分别是附件条件（ADV）和时间（dTime）。在第二条弧形，即语义角色标注结果中，糕点和腹泻之间的语

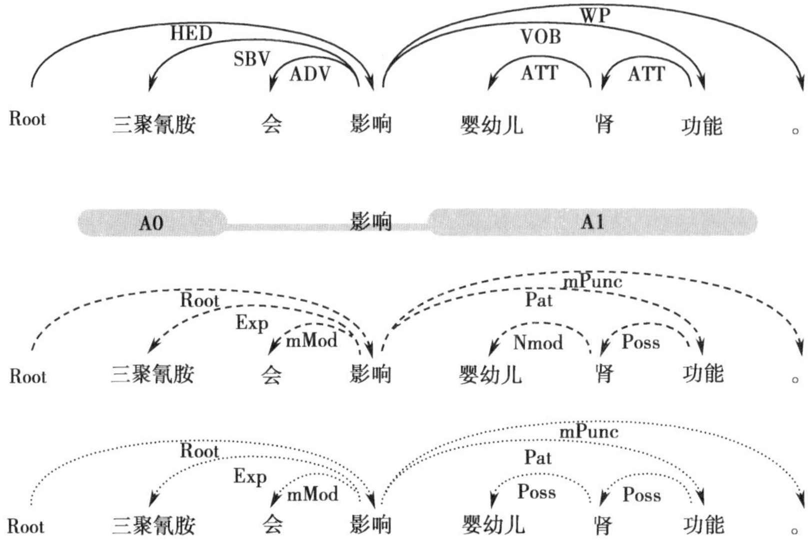

图 5-2　例句二的依存树分析结果

注：图中第一行文字上方的弧形（实线）为句法分析结果，文字下方 A0、A1 为语义角色标记，第二行文字上方的弧形（虚线）为语义依存树分析结果，第三行文字上方的弧形（点线）为语义依存树分析结果。

资料来源：http://www.ltp-cloud.com/demo/。

义角色关系被标注为结果角色（eResu）。"吃过"和"此品牌糕点"的句法关系和语义关系分别是动宾关系（VOB）和受事关系（Pat）。该例句表明，LTP 具有识别长距离的句法和语义关系的能力。这对准确抽取损失后果发生的条件是非常有价值的，附件条件和时间依存关系可以作为风险事件信息的判别依据。

　　例句四是"这个火腿肠是发霉的，太恶心了"，这是关于食品性状的描述，分析结果如图 5-4 所示。句法关系和语义关系分析结果都是准确的。"这个火腿肠"与"是"的句法关系和语义关系分别为主谓关系（SBV）和当事关系（Exp），"是"与"发霉的"之间的句法关系和语义关系分别为动宾关系（VOB）和类是角色关系（dClas），"是发霉的"和"太恶心了"的句法关系和语义关系分别为并列关系（COO）和结果关系（eResu）。尽管"是发霉的"和"太恶心了"之间的句法关系是并列关系，LTP 平台依然将其语义关系标注为结果关系，这与句子表达的语义是相符的。

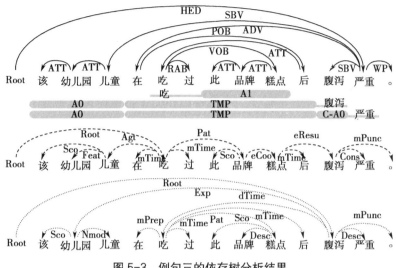

图 5-3　例句三的依存树分析结果

注：图中第一行文字上方的弧形（实线）为句法分析结果，文字下方 A0、A1 为语义角色标记，第二行文字上方的弧形（虚线）为语义依存树分析结果，第三行文字上方的弧形（点线）为语义依存树分析结果。

资料来源：http：//www.ltp-cloud.com/demo/。

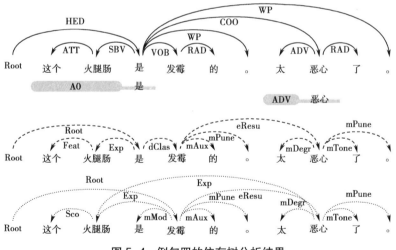

图 5-4　例句四的依存树分析结果

注：图中第一行文字上方的弧形（实线）为句法分析结果，文字下方 A0、A1 为语义角色标记，第二行文字上方的弧形（虚线）为语义依存树分析结果，第三行文字上方的弧形（点线）为语义依存树分析结果。

资料来源：http：//www.ltp-cloud.com/demo/。

综上所述，在风险信息元素中，实体 e 通常对应了语义角色 A0，对象 o 对应了语义角色 A1，而状态 v 对应了 ADV、VOB 等关系。语义依存分析结果还可以给出具体的关系类型，如领事关系（Poss）、当事关系（Exp）、结果关系（eResu）。关系类型可以更精准地判别该部分属于何种风险信息元素。

基于风险识别的任务需要，本书希望在元素抽取阶段提取尽可能多的风险信息元素，保证足够高的查全率，然后再通过筛选策略提高准确率。因而在挑选语言模板适用宽松原则。在对例句观察和分析的基础上，构建 4 组规则作为抽取模板，如表 5-6 所示。

表 5-6　基于依存分析结果的抽取模板

模板	规则	抽取元素	样例
E–V–O	$E \leftarrow Dep_1 \leftarrow V \rightarrow Dep_2 \rightarrow O$ $E \in \{A0\}$, $O \in \{A1\}$, $Dep1 \in \{SBV\}$, $Dep2 \in \{VOB\}$	e=E, v=V o=O	火腿肠里发现塑料袋
E–V	$E \leftarrow Dep \leftarrow V$ $E \in \{A0\}$ $Dep1 \in \{SBV\}$	e=E, v=V	火腿是发霉的 肠体腐烂严重
V–O	$V \rightarrow Dep \rightarrow O$ $O \in \{A1\}$ $Dep1 \in \{SOB\}$	v=V o=O	太坑害人啊!
ADV	$X \leftarrow Dep \leftarrow V$ $X \in \{ADV, d\}$, $V \in \{a\}$ $Dep \in \{ADV\}$	V=d+a	太恶心了!

信息抽取的另一方法是词表法（Lexicon Method）或称词典法（Dictionary Method）。该方法广泛应用于命名实体识别等信息抽取领域，主要步骤有词表收集和词条匹配。词表法是信息抽取的常用方法之一。动态风险信息中的实体元素和行为状态元素可以使用词表法进行抽取。由于词表法是广泛使用的信息抽取方法，因而本书选择词表法作为基于语义分析的信息元素抽取方法的基准比较方法（Baseline）。

使用词表方法抽取信息，首先要构建词表，其关键步骤也是构建词表。词表的规模直接影响查全率，因而如何扩充词表是该方法的关键步骤之一。

行为状态词表中有些词语是要求否定表达的。匹配函数需要对否定式表达做处理，即如果标引词是需要否定式的，需要判断是否存在否定词，如"消毒"是一个需要否定式的标引词，那么检索"消毒"时，需要在文档中"消毒"的前方寻找否定形式。如"没有""未"等。汉语的否定表达有显性和隐性两类方式，本书仅考虑了显性表达方式，即"否定词+动词"的表达方式，这类表达结构最为普遍，且容易判断。常用的否定词有"不""没""没有""未""非""莫""弗""否""别"。如果词表中要求否定表达的词语出现，则进一步判断前面 N 个词中否定词是否存在。

第三节　信息元素抽取实验

一、数据集和数据清洗过程

实验语料是本书第四章第四节中采集的有关 A 品牌的微博文本，共计4164 条，合计 154.14 万字。信息元素抽取实验中评测标准是人工标注的结果，限于时间，没有标注本文所采集到的所有语料，仅对有关 A 品牌的微博进行了标注和实验。本节实验主要目的是验证信息元素抽取的可行性，4000 余条微博已经超过了 100 万字，可以满足实验需要。经过第五周第三节中的数据清洗步骤处理后，数据集微博条数合计 4134，字数 121.95 万。

采集到的数据存在一些问题，例如内容完全一致的微博、内容极短小的微博和无内容仅表示转发或提醒其他用户关注的微博等。因此，需要进行微博数据清洗。数据清洗是采集到的数据在分析前处理的第一步，主要任务有微博去重、无关字符删除、词语压缩和短句删除。

微博去重是删除重复采集的微博，相同的微博仅保留一条。由于本书通过搜索词表和用户关注等多途径采集微博，难免有一些微博被重复采集，因此需要去除重复的微博。相同的微博是指用户、发布时间和发布内容都相同的微博。微博去重的方法可以采用比较微博 idstr 标签值的方法，该标签是微博的唯一标识，比对该标签值，可以去除完全相同的微博。另外，也可以采用简单的两两比较删除法。提取微博集合中的两条微博，比较微博内容，如果微博内容相同，则删除一条，保留一条，这种方法不保留转发微博。数据采集的结果保存在 ACCESS 数据库中，因此微博去重使用 ACCESS 的 SQL 语句完成。除了完全相同的微博，在微博数据中，还有大量相似的微博，如何处理相似的微博将在本书第六章第一节进行讨论。

无关的字符包括微博中的话题信息、转发标识、链接地址。微博中的话题信息，即删除"##"以及其中的文字。依据研究者对语料的初步观察，话题信息概况性太强，如"临沂身边事""天猫超市"等，对风险信息识别没有参考价值。转发标识"//"是由新浪系统自动添加的，出现在再一次转发已转发并带有评论的微博时，用以分隔针对同一微博的多人多次评论。含有"//"的转发标识，以及"@"加微博用户名的信息对我们的信息抽取是无用的，且影响语法分析和语义角色标注的准确性，因此全部删除。但是出现在句子中的"@微博用户名"有的充当了句子的重要语法功能，例如"小伙伴们一起在@琥珀餐厅 聚餐"，删除后会影响句法和语义分析，对句子中出现的"@微博用户名"仅删除"@"符号，保留微博用户名。链接地址对文本分析没有作用，因此也一并删除。

词语压缩是去除一条微博内容中连续重复的词语。连续重复的词语是用户为了拼凑字数或者显示个性和新奇而反复叠加一个词，比如"哈哈哈哈哈哈哈哈""太差了太差了太差了"。这类重复用词会影响后期对文本进行情感倾向的判断以及其他类型的文本聚类。张良均等（2016）给出了对产品评论文本进行词语压缩的 7 条规则。算法的主要思想是采用两个字符串列表，将待处理文本每个字符按一定规则分别放入两个字符串列表中，然后比较两个字符串列表，如果触发删除规则，则删除待处理文本中的一个子串。规则和处理样例如表 5-7 所示。按照其规则，主要处理过程如下：

1. 初始化，列表 1 和列表 2 清空
2. 读取字符串 S 的一个字符 C，至字符串结束
　　2.1　C 放入列表 1
　　2.2　如果列表 2 为空，则 C 放入列表 2
　　2.3　如果列表 1= 列表 2 且列表长度≥2，则压缩字符串
　　　　　否则 C 放入列表 2
3. 如果字符串结束且列表 1= 列表 2，则压缩字符串

ACCESS 处理字符串拼接的效率很低，因而词语压缩采用 Python 编码，将ACCESS 中的微博数据导出为文本文件，然后使用 Python 进行词语压缩处理。

表 5-7　微博文本的压缩规则

序号	描述	解释	样例
规则 1	IF C=LA $_{(1)}$ and LB 为空，THEN C 放入 LB	读取字符存入列表	无
规则 2	IF C=LA $_{(1)}$ and LA=LB，THEN 压缩 S，清空 LB	处理连续重复	太差了太差了太气人了 -> 太差了太气人了
规则 3	IF C=LA $_{(1)}$ and LA! =LB，THEN 清空 LA 和 LB，C 放入 LA 中	不完全重复则不压缩	太差了太差劲了太气人了
规则 4	IF C! =LA $_{(1)}$ and LA=LB，THEN 压缩 S，清空 LA 和 LB，C 放入 LA 中	去除连续重复	很脏很脏，非常脏 -> 很脏，非常脏
规则 5	IF C! =LA $_{(1)}$ and LA! =LB，IF LB 为空，则 C 放入 LA	没有出现重复的字符	无
规则 6	IF C! =LA $_{(1)}$ and LA! =LB，IF LB 不为空，则 C 放入 LA 和 LB	重复的列表在增长	无
规则 7	IF C 为末尾 and LA=LB，THEN 压缩 S	处理重复词语在末尾的情况	这家店卫生很糟糕很糟糕。

注：S 为字符串，C 为当前处理的 S 中的一个字符，LA 为列表 1，LB 为列表 2。LA $_{(1)}$ 为列表 1 的第 1 个字符。

在完成词语压缩之后，还需要进行短句删除。句子字数少，则表达的语义相当有限。对于风险识别任务而言，文本中至少需要出现有害因素、损失后果和不良行为的词语，汉语中双音节词居多，因此，少于 6 个汉字的句子很难表述完整的风险信息。本书将短句定义为少于 6 个字符的句子，因此小于等于 5 个字符的微博将被删除。短句删除可以在 ACCESS 中使用 SQL 语句完成。

二、实验设计与结果分析

风险信息元素的初步抽取采用第五章第二节中确定的模板，利用哈尔滨工业大学社会计算与信息检索研究中心研发的"语言技术平台（LTP）"，编写 Python 代码调用语言云 API，获取语义角色和依存句法分析结果。A 品牌微博文本解析出 6940 个句子。

风险信息抽取的评测与通常的信息抽取有所差异。本书对风险信息进行了定义，对风险信息的组成要素进行了结构化定义，并借用中文信息处理技术抽取风险信息的组成要素。风险信息与时间日期等表达式相比，没有明显的外部结构化特征，与地名、人名、组织机构名等命名实体的识别比较，语义开放性更强，是否为风险信息与领域知识和关联知识密切相关。动态风险信息的识别与静态风险信息密切相关。因而风险信息抽取的评测包含两个层面，一是组成要素的抽取，二是对评估风险价值的辨别。为了将评测可以操作，本实验主要评测层面是组成要素的抽取，兼顾对风险价值的辨别。评测指标采用信息抽取评测常用的查全率和精确率两个指标。由于风险信息抽取并没有学术界广泛认可的标注文本，本书采用人工方法对微博语料进行了标注。标注标准依据本书对动态风险信息的定义。人工标注风险信息的过程体现了组成要素和风险价值辨别的统一。需要说明的是，人工标注风险信息依据的是研究者的认知，这种标注结果是有缺陷的，但目前缺少相关领域的标注文本，对本书而言是必要的。

评测以人工识别的结果作为准确的依据。TP 在本评测中是一次实验方法中被正确抽取的元素，如果 E、V 和 O 存在，必须完整识别，但某一元素识别后缺少定语或有冗余字符等视为正确识别。FP 是识别错误的元素。TP+FP 是所有被抽取出的元素（或元素组合）的数量。评测指标采用信息抽取中最常用的准确率、查全率和 F 值。

式（5-1）是准确率（Precision）的计算式，它计算的是所有"正确被抽取的元素"占所有"实际被抽取到的"（TP+FP）的比例。

$$P=\frac{TP}{TP+FP} \tag{5-1}$$

式（5-2）是查全率（Recall）的计算式。查全率也称召回率。查全率计算的是所有"正确被检索的元素"（TP）占所有"应该被抽取的元素"（TP+FN）的比例。在本评测中，FN 是未被正确抽取的元素，TP+FN 即是所有人工标注的风险信息元素。

$$R=\frac{TP}{TP+FN} \tag{5-2}$$

F 值采用准确率和查全率的算术平均值。表 5-8 展示了实验评测结果。

表 5-8　基于依存树和语义角色分析的信息元素抽取结果

模板	语义角色总数	识别准确的信息元素	准确率	查全率	F 值
E–V–O	6555	114	1.74%	70.37%	36.05%
E–V	5771	30	0.52%	51.72%	26.12%
V–O	9116	14	0.15%	100%	50.08%
ADV	4493	26	0.58%	100%	50.29%
合计	25935	184	0.71%	70.77%	35.74%

实验结果表明，查全率较高，但准确率较低。尝试采用主体词表、行为状态词表、有害因素词表，利用知网的语义相似计算，对初步的抽取结果进行筛选。筛选结果如表 5-9 所示。

表 5-9　信息元素抽取方法的评测结果

方法	准确率	查全率	F 值
词表法	10.81%	59.62%	35.21%
语义角色模板	0.71%	70.77%	35.74%
语义角色模板 + 词表筛除法	38.10%	58.51%	48.31%

实验结果表明，词表法的准确率仅有 10%，明显低于词表法在信息抽取中的一般性能。分析发现，原因有：

一是分词或歧义导致的错误。例如词表中有人类器官的名称，而本实验语料大量出现"火腿肠""玉米肠""肠"是作为食品名称的，由于分词错误并缺失对语义歧义的消除机制，大量食品名被作为器官名称抽取出来。"火腿肠"被分词系统作为一个词不会切分，但诸如"A 品牌肠"被切分为"A 品牌""肠"两个词。分词或歧义导致的错误最多，排除该错误后，准确率可以提高到 33.34%。

二是词表因素。部分词条会抽取出与食品安全无关的信息，如"不符合"抽取到"其 20% 的股权投资上限并不符合万隆的胃口"和"对采光和楼间距不符合国家规定要求的信阳 A 品牌欧洲故事被指私改规划楼盘"。

三是本实验的评测标准比较严格，只有完整抽取到 E、V、O 才算准确。实验结果中部分元素准确的抽取结果比较多。例如，"真是太恶心了，没想到大牌子火腿肠里还能吃出头发，以后谁还敢吃"，词表法的结果是（E= 空值，

V= 恶心，O= 头发），但实验评测的标准是（E= 火腿肠，V= 吃出，O= 头发）和（E= 空值，V= 恶心，O= 空值）。抽取不完整被视为错误。

四是大量噪声文本降低了准确率。如"这两天小小的电梯空间里被扔橘子皮、花生皮、A 品牌热狗肠包装皮，这个吃货能不那么那么那么让人讨厌吗，他的五脏六腑就是大垃圾桶，腐烂了，臭掉了。"

五是微博独有的语言风格降低了语法和语义分析的准确率，文本中存在较多错别字和"火星文"。例如"我嗯心到现在，仍不能平静"。

语义角色模板方法的准确率低的原因可以归结为以下三点：

首先是语义角色分析得非常细致，是多层次的树形结构的，6931 个单句被抽取出 25935 个语义角色组合。

其次错误来自复句和句群。例如"近日，石家庄李先生从小区附近某超市购买两根 A 品牌火腿肠，喂给一岁多的孩子。结果吃出淡黄色不明胶状物。晚上十点，孩子突然发烧到 39 度多，李先生怀疑跟火腿肠内的不明物有关"。

最后是文本中单句经常缺少主语。例如"以后不会吃半口 A 品牌火腿肠，保质期内变质、又苦又臭，经销商 + 厂家、迟迟不解决，后台太硬就可以昧着良心做事吗？"

语义角色的分析结果经过词表筛选后，显著提高了准确率，同时查全率下降幅度较小，F 值提升明显，从 35% 提高到 48%。

尽管语义角色标注获得了较高的查全率，但仍然有一些表达未能准确抽取出来，主要有以下类别：

（1）定中结构的句子，如"他拿着变质的火腿肠去找超市"。

（2）反问句，如："谁能帮我解释一下吗？""你们怎么能让这种产品在市面上卖！""某某能告诉我黑乎乎的是什么？""流通到市场上危害到他人怎么办？""质检怎么通过的！""难受……A 品牌里面到底有什么啊？"

（3）图片信息量大，而文字表述不清楚的微博。例如"湖州的谢先生今天中午，买了两根某某火腿肠，结果打开时这样的。"

实验中也发现一些信息不能准确抽取为本研究定义的结构化动态风险信息，例如："我以前在化工厂工作，一次一个送工业淀粉的，一车工业淀粉一半送给我们厂做工业原料，一半送给 A 品牌火腿肠厂，汗……""卖皮草的人说猫肉狗肉貉子肉都卖给山东的食品厂了！"。"一半"需要进行指代消解才能准确抽取出"工业淀粉"这个关键信息。而指代消解，又需要解决构化句法信息的自动获取和表示、深层次语义信息的自动获取和使用及跨文本指代消解三个关键问题（孔芳等，2010），汉语指代消解研究尚不成熟，且集中于人称代词消解，目前没有成熟的工具可用。与词袋法比较，这是语义角色分析法的一个缺陷。

垃圾信息过滤或者谣言识别是另一类问题，因而本实验抽取信息并不考虑明显错误的结论或称谣言，或者一些在学术中和实践中有争议的观点，这些信息都会作为风险信息被抽取和处理，例如"知道 × × 火腿肠有瘦肉精，他们也吃""知道 × × 品牌的奶有致癌物，他们还吃""为什么人们知道 × × ×的肉有问题，但是他们还是要吃"。

一般而言，信息抽取的任务和研究内容主要有：命名实体识别、实体关系识别与抽取、共指消解和事件探测。本书定义的风险信息元素抽取任务涉及命名实体识别和实体关系识别。依存树分析结果可以同时完成这两项任务且不需要事先标注语料，可以一次性完成不同类型信息元素的抽取任务。但由于领域的特殊性，其准确率偏低，例如命名实体识别的问题，实验发现需要采用领域词表进行二次筛选才能达到较为理想的准确率。

综上，实验结果展示了基于依存语义分析的信息元素抽取算法的优势和不足。由于依存树分析结果提供了丰富的句法结构和语义关系信息，因而基于依存树分析结果的抽取算法能够同时抽取不同的元素并识别元素之间的关系。选择恰当的模板和使用适当的约束条件可以从句子中抽取出词和短语并归入正确的元素类型。基于依存句法分析的抽取方法利用修饰关系可以抽取到完整的短语，如"× 品牌的奶粉"，得到最长的语句块，抽取到的信息元素更准确，实践价值更强。

第六章　基于相似微博融合的信息元素抽取改进策略

本书第五章提出了使用依存语义分析的方法抽取主要的风险信息元素，实验表明该方法是可行的，但准确率偏低。实验数据和结果观察表明，微博数据集中有大量相似微博，本章将尝试融合相似微博，提高依存语义分析算法的性能。

第一节　相似微博融合问题描述

数据级别的融合针对原始数据，进行数据的清洗和概念融合。风险信息采集自不同的数据载体，或者不同的数据库，同样面临数据融合的问题。具体问题如数据归一和相似数据合并。微博数据有独特的需要解决的数据融合问题，即相似微博的融合。

微博中的命名实体数据融合是数据归一的问题，但不在本节研究的范围内。化柏林（2013）在研究期刊信息融合问题的过程中发现多源信息的融合在数据层面至少涉及字段映射、字段拆分、数据记录滤重和异构数据加权四个方面。数据归一需要处理命名实体的全称和缩写、机构的更名、公司的兼并和重组、食品和原材料的专业名称和俗称、不同语种的书写形式等。命名实体的融合目前还没有普适性强的算法，缺少通用的软件工具，该问题与应用领域和应用目标密切相关。因此，针对需求编制完备的对照词表，结合编写针对性较强的小程序处理数据更为有效。

采集到的微博数据含有大量相同或相似的微博。在社会舆情分析中，通常不关注相似微博的问题，相似微博的数量被认为是舆情热度的指标。但是在风险管理中，相似微博的数量并不是关切的重点，有价值的信息未必表现为高转发热度，大量相同或内容相似微博会使有价值信息被湮没，因此需要对相似微博进行融合。融合这一类数据，可以减少后续步骤的计算复杂度。

基于字符串匹配的简单方法只能去除完全相同的微博。然而因为微博易于复制后修改或加评论转发，微博数据中存在大量相似的数据。这些数据并不完全相同，但主要内容是相同的，如：

甲市消费者陈女士在乙区丙街"XX 便利店"购买了 3 根 XX 集团生产的 38gYY 品牌火腿肠，食用时发现了这些黑色棉絮状物质。

甲市消费者陈女士在乙区丙街"XX 便利店"购买了 3 根 XX 集团生产的 38gYY 火腿肠，食用时在其中一根里发现了些黑色棉絮状物质。

据报道，甲市消费者陈女士在购买的一根 YY 火腿肠中发现了黑色棉絮状物质。

通常，使用字符串完全匹配的方法可以去除重复微博，但该方法不适用于这类相似微博的融合。融合相似微博的问题与句子相似度、文档相似度、语义相似度问题有关。

两个对象之间的相似度或相关度计算早已成为数据挖掘和信息提取领域中的基本问题。对词、句和篇章进行相似度计算的方法广泛应用于解决自动文摘、文本聚类、话题抽取和自动问答等问题，其主要方法可分为基于字符串的相似计算、基于语料库的相似计算和基于知识的相似计算方法（H. Gomaa et al.，2013）。

语义相似性度量是人工智能和心理学领域的研究热点，通常是以概念和关系作为计算对象（Elavarasi SA，2014）。人工智能领域以概念、关系等对象的语义词典资源为基准，致力于从特定的表述（一般为文本）中计算出其中所含对象之间的相似性。而心理学领域的相似性度量模型，则以人的相似性感受为基准，相似性感受是来自实验数据的。

基于风险管理中风险信息抽取与利用目标的相似微博融合问题，与以往的文本相似计算有所不同，在相似微博融合中应避免关键信息不同的微博被融合。本节将寻找相似微博的相似度计算方法，解决相似微博的融合问题。

第二节 基于字符表征和语义角色的多层融合方法

曹鹏等（2011）利用 Twitter 系统中对转发消息的约定规则，首先识别转发的消息，然后使用统计字符种类和最短编辑距离两种字符串距离计算的方法以判定 Twitter 中近似或重复的消息。

微博与 Twitter 拥有类似的社交媒体功能以及相似的转发约定，微博中存在大量转发微博，因此首先利用曹鹏等提供的转发信息的约定规则和字符串距离计算方法识别转发和重复的信息。这一步骤可称为微博字符表征去重方法。

表 6-1 是本书整理的微博的转发消息特征。微博表征去重算法的主要流程描述如下：根据转发规则，查找"//@"符号的位置，然后提取前后若干个位置的字符，如果可以匹配表 6-2 序号 1 和序号 2 的特征，则标记该微博为转发微博；查找 via 字符串，如果后面出现 @ 或者短字符串，则认为匹配了序号 2 和序号 4 的规则，标记该部分文本内容为转发微博。另外有的消息中会出现"#"符号或"【 】"符号，该符号内嵌的是消息的关键词或话题。符号内的这些内容将被保留。转发微博识别后，对非转发微博进行相似度计算，并依据计算结果合并相似度较高的微博。

表 6-1 微博的转发信息特征

序号	类型	特征	样例
1	仅转发	//@A：T	//@ 浙商卢献星：格力电器、福耀玻璃、贵州茅台、东阿阿胶、白云山等慢牛股，7 年 1 倍没问题
2	评论加转发	P//@A：T	好像应该这么联想 //@ 万能的大熊：我擦 罗辑思维加锤粉 基本是绝症了 //@ 罗辑思维济南朋友圈：批评很中肯，修行是一辈子的事，必须修行，谢谢
3	标注来源	T via@A	消费者朱先生已获得一箱火腿肠及 100 元赔偿。via@大众网 http：//t.cn/RZHx1
4	标注来源	T via A	【顶级策略】稳健：华能国际 600011；进取：华北制药 600812；激进：方大炭素 600516 Via 广证恒生咨询

资料来源：笔者整理。

去除转发微博后，下一步是融合相似的微博。参考文本相似计算的算法，这里有两种技术路线，一种使用文本聚类的方法；另一种是语句相似度计算方法。文本聚类方法的核心算法是计算文档的相似度，但这种方法比较适合篇幅长的文档。微博篇幅短小，大量微博甚至只有一个句子，因而可以参考语句相似度的计算方法。语句相似度或称句子的相似度计算，其是自然语言处理的基础性技术，该技术多用于机器翻译、自动问答系统和噪声信息过滤。句子相似度计算的结果也可以用于文档分类或聚类。

　　句子相似度的计算可以依据字符特征、语法分析结果和语义资源。字符特征是词形、词的数量和词序等。依据语法分析结果的方法首先进行自动句法分析，然后计算两个句子在句法结构上的相似性，如词性、短语结构、句法依存结构等的相似度。这种方法多用于双语对齐和机器翻译。利用语义资源的方法是通过已建成的语义资源来考察词语间语义关系来计算句子的相似度，常用的语义资源有 WordNet、HowNet、同义词林和本体等。例如，将句子相似度分解为词语的语义相似度和句法结构相似度，分别运用自然语言处理的概念层次网络（HNC）理论和依存句法理论计算词语的语义相似度和句法结构相似度。较为流行的研究多采用多特征融合方法。核心思想是把句子的长度、词形、词性、词序、语法结构、语义依存和等特征相似度考虑进来，然后对不同的特征赋予不同的权重，并调整各个特征的权重，从而使计算结果得到最优。

　　基于抽取风险信息的需求，语义最为关键，语法相似度并不是考量的因素，因此在计算中无须考虑语法结构的相似。而语义资源，如本体，尽管是当前的研究热点，目前仍缺少完善的可用的食品安全本体，而构建本体不在本书的研究范围内。因此本书选用基于字符的相似度计算方法。

　　目前已有一些较为成熟的基于字符特征的句子相似度计算工具，例如 Python 中的 difflib 库，基于该库的 SequenceMatcher 类，该方法返回一个 0-1 的相似度值，0 为不相似，1 为完全相同。处理上文的例句，结果如表 6-2 所示。SequenceMatcher 方法的核心步骤是基于 Ratcliff 和 Obershelp 的 "gestalt pattern matching"。判定近似度的方法是对每个字符串进行压缩，压缩的信息称为指纹（Fingerprint），然后利用指纹比较消息是否相同。指纹方法是一种普遍的计算字符串相似的方法，其核心思想是利用哈希（Hash）算法进行文本压缩，然后判断重复性。SequenceMatcher 方法对 "gestalt pattern matching" 方法进行了一些改进。例句 1 是基准句，例句 2 与例句 1 仅有两处不同，进而获得了较高的近似度，例句 3 是一个转发报道，表达更简练。例句 4 是网友的评论文本，例句 5 是厂商的回应。

表 6-2　相似微博的相似度计算结果样例

序号	例句	相似度
1	甲市消费者陈女士在乙区丙街"XX 便利店"购买了 3 根 XX 集团生产的 38gYY 品牌火腿肠，食用时发现了这些黑色棉絮状物质	1.00
2	甲市消费者陈女士在乙区丙街"XX 便利店"购买了 3 根 X 集团生产的 38gYY 火腿肠，食用时在其中一根里发现了些黑色棉絮状物质	0.93
3	据报道，甲市消费者陈女士在购买的一根 Y 火腿肠中发现了黑色棉絮状物质	0.64
4	产品有瑕疵是正常现象，可不能拿这个做理由吧，如果每个企业都可以拿这个说事儿的话，以后消费者的权益还怎么保障，出现问题索赔是消费者的权益，某些人却说成是生财之道，于情于理也说不过去，只怕落在你自己身上比任何人《Y 火腿肠里被曝吃出黑心棉》（来自某某不是得利斯六中 ~~）《Y 火腿肠里被曝吃出黑心棉》（来自某某恶心问题一个接着一个再也再也不吃了）《Y 火腿肠里被曝吃出黑心棉》（来自某某）陈女士近日在便利店购买了 3 根 38gYY 火腿肠，食用时在其中一根里发现了一团黑色棉絮状物质	0.28
5	某某火腿肠被指吃出黑心棉，来自某某回应火腿肠吃出黑心棉：希望消费者依法维权——近日，有媒体报道称火腿肠吃出黑心棉，引起消费者广泛关注，为此 XX 集团通过 ZZ 网生活频道发表声明回应	0.19
6	据报道，甲市消费者陈女士在购买的 CC 品牌面包中发现了黑色棉絮状物质	0.55

　　基于字符的近似度计算简单、高效，但也存在问题。例如上表中的例句 6，仅与例句 3 的差别是"面包"替换了"一根 YY 火腿肠"，因而相似率差别很小，但对于风险识别的任务而言，其食品品类不同了，如果因相似度高被合并，显然丢失了重要信息。

　　微博内容的近似度计算显然与信息分析的目标密切相关。微博句子中有些词语成为计算相似度的噪声数据，例如"据报道"。例句 4 中的评论信息也成为噪声数据，导致该微博与基准微博的相似度仅为 0.28。

　　对整条微博进行计算相似度，会因为噪声词语造成结果不理想，也会将关键信息不同的微博错误地融合，为了消解这一缺陷，本书提出一种策略，比较两条微博语义分析结果产生的语义角色，如果语义角色相同，且微博的语句相似度在某一阈值内，则将两条微博确认为相似微博，这一步骤称为"语义角色相似融合"然后对微博进行分句、句法分析和语义角色分析，最后得到融合后的微博内容集合。整个流程如图 6-1 所示。

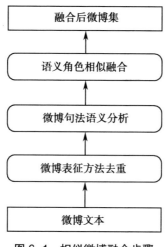

图 6-1　相似微博融合步骤

资料来源：笔者绘制。

第三节　微博融合实验

一、相似微博融合实验

实验数据集

实验选取采集的 A 品牌 4164 条微博作为实验数据集，命名为微博数据集 A。

实验一：微博表征方法去重

在微博数据集 A 上实验微博表征去重方法，算法流程为：

步骤 1　查找 //@ 或 via 字符串，如果没有则结束，否则转步骤 2。

步骤 2　匹配转发信息特征，若能匹配规则，转步骤 3，否则转步骤 1。

步骤 3　标记该微博为转发微博。转步骤 1

实验识别明显转发标记的转发微博 358 条。去除这 358 条转发微博后，以 3806 条微博作为新的测试集，命名为微博数据集 B。

实验二：不同相似度阈值的微博融合

基于字符的语句相似度计算采用 Python 中的 difflib 库，基于该库的 SequenceMatcher 类中 SequenceMatcher 方法返回结果，对单条微博进行融合。微博进行两两比较，相似度高于阈值的微博被划分为同一组，相似度低于阈值的微博独立为一组。不同阈值的微博融合条数、分组数和准确率结果如表 6-3 所示。新分组数量是高于对应阈值的微博分组数量，每一个新分组中微博数量是大于 1 条的。融合微博条数是进入新分组的微博数量，也即被融合的微博数或从数据集中较少的微博数量。准确率是人工判别的，判别标准是每一分组内的微博应表述同一事件，未提供新的风险要素信息。总体来看，阈值越高，分组数量少，被融合的微博条数少；相反阈值低，分组数量多，被融合的微博条数多，但准确率也下降了。

表 6-3　不同阈值的微博相似融合结果

阈值	融合微博条数	新分组数量	准确率
0.90	317	61	100.00%
0.85	449	97	96.88%
0.80	1407	375	85.71%

当阈值取 0.9 时，被融合的微博大多是复制转发并少量修改的微博。

如果设定相似度阈值大于 0.85，会有一些相似度在 0.85~0.90 的微博被融合。新融合的微博大致分为两类：一类是转载的仅做少许修改的新闻报道；另一类是讨论同一话题但篇幅短小的微博。

当阈值设为 0.8 时，大量相似的微博被合并，但也导致一些内容相似的微博被错误融合。

二、融合相似微博后的信息元素抽取实验

实验三：在微博表征法融合后的数据集上的元素抽取实验

以上测试结果表明，近似度阈值为 0.85 较为合适。当近似度阈值为 0.85，可以融合微博条数 449 条，分组数为 97，其差值为微博减少数量 352 条，加识别出的转发微博 358 条，微博数量减少了 710 条。使用新微博集合 3464 条，共计 5544 个句子。仅使用微博表征法对微博进行相似融合，再次进行动态风险元素抽取与筛选方法评测，结果如表 6-4 所示。由于相似微博数量减少，

准确率提升明显，查全率几乎没有降低。

表 6-4　在微博表征法融合后数据集上的风险元素抽取结果

方法	准确率（%）	查全率（%）	F 值（%）
词表法	13.51	58.85	36.18
语义角色模板	0.89	70.67	35.78
语义角色 + 词表筛除法	47.63	57.28	52.45

实验四：基于字符表征和语义角色相似的多层融合后的数据集抽取实验

微博数据 B 中含有 5544 个句子，编写 Python 代码调用语言技术平台（LTP）的语言云 API 进行依存树分析，结果得到 20675 个语义角色组合。如果将语义角色组合直接合并重复项，得到 13695 个语义角色组合，减少了 30%，但这样合并是有问题的，大量有价值微博信息被合并，因此可以采用相似度计算的结果，仅对整条微博相似度较高的语义角色组合进行合并，即如果微博相似度较高，且有完整的施事、行为和受事语义角色分析结果相同，则合并该微博。

依据实验二不同相似度阈值的结果，相似度阈值过高，融合微博的数量较少，为展现语义角色融合的效果，可以适当降低相似度阈值。因此拟定相似度阈值为 0.6。在相似度阈值为 0.6 下，新分组为 114 个，合并微博 3669 条，经过语义角色一致性比较后，最终得到合并的微博 3351 条，融合相似微博后，再次进行语义角色抽取和不同筛选方法的实验，各项指标结果如表 6-5 所示。

表 6-5　在语义角色融合后数据集上的风险元素抽取结果

筛选方法	准确率（%）	查全率（%）	F 值（%）
词表法	20.81	56.85	38.83
语义角色模板	20.89	60.67	40.78
语义角色 + 词表筛除法	67.63	53.28	60.46

本书第四章实验中，没有融合相似微博，其语义角色加词表筛选法的准确率、查全率和 F 值分别为：38.10%、58.51% 和 48.31%，使用字符表征去重

和微博语句相似的融合算法后，准确率提高到 47.63%，而使用字符表征和语义角色相似的多层融合算法后，准确率提高到 67.63%，而查全率只有小幅下降。融合相似微博之后，用于信息元素抽取的实验语料规模减小，同类抽取错误出现的频次也减少，这是准确率得以提高的原因之一。

该方法的缺陷之一是需要对微博两两比较，算法的时间复杂度比较高，达到了 O（n^2），处理大规模的微博语料用时较长。

面向食品安全管理的风险信息元素抽取任务与一般的信息抽取任务有区别。由于微博中有相同或相似内容，或者风险信息的来源多，同一风险信息元组可以出现在多个信息源中。基于风险管理的需要，同一信息源的信息元组可以进行合并，因而在抽取前归并相似微博是合理的。而一般的信息抽取任务设定抽取的单位都是独立的，在抽取前并不对抽取的文本做相似或相同的归并处理。本书融合相似微博后准确率提高，该实验结果表明在一般的信息抽取任务中，评测语料的内部相似性和差异性会影响评测结果。

第七章　公众在社交媒体中的投诉举报行为

　　第六章介绍了社交媒体的特征和风险信息的提取方法。社交媒体在食品安全治理中的价值来自用户的食品体验分享行为。本章介绍一项有关用户使用社交媒体投诉举报行为和影响因素的调查。数据来自刘茜的调研工作（刘茜，2019）。调研以调查问卷方式进行，问卷通过互联网途径发放。回收有效问卷321份，其中男性比例60.5%，35岁以下占33.5%，36~50岁占比56.3%，学历大专以下占比36.4%，大专及以上占比64.6%。受访者职业分布广泛，占比较大的是机关事业单位20.2%，私营个体从业者14.6%，学生14.6%。

第一节　公众的信息交流和投诉举报途径

一、公众的信息交流

　　调查显示有67.6%的公众是在互联网上获取相关信息的，这一数字稍高于电视新闻。互联网正在成为公众分享和获取食品质量安全信息的主要渠道。公众在遇到食品质量安全问题时，有48.3%的公民会扔掉，自认倒霉，这个结果表明依然有很大一部分的公民没有对于食品安全的维权意识。这也印证了前文中社交媒体的数据稀疏性，原因之一就是公众的维权意识尚不够强。调查显示有43%的公众最担心食品有农药、抗生素、重金属等有害物质残留的问题，有24%的公众更担心注水肉、病死牲畜，还有17.1%的公众更在意食品添加剂超标问题。根据调查，仅有3.7%的公众非常了解相关法律规定，而41.1%的大部分公众只是一般了解，甚至有19%的人完全没有了解。42.4%的公众对于食品安全有奖举报的政策完全没有了解，仅有16.5%及33.3%的公民相对有一点了解和一般了解。

二、公众的举报途径

根据调查（见图 7-1）有 45.8% 的公民会选择政府热线进行食品安全问题投诉，24.9% 的人会选择监管部门信箱，10.6% 和 11.5% 的公民会选择政府官方网站和个人微博。相比较调查中 67.6% 的受访者表示主要使用互联网获取信息，使用互联网发布举报信息的比例略低。

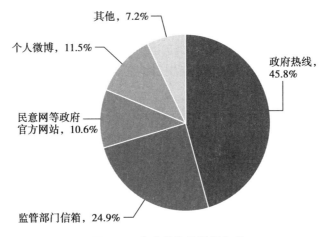

其他，7.2%

个人微博，11.5%

民意网等政府
官方网站，10.6%

政府热线，
45.8%

监管部门信箱，24.9%

图 7-1　公众首选的举报方式

政府缺少主动策略促进公众参与食品质量安全治理，在新媒体方面有关食品质量安全信息的宣传与引导尤其不足。一些政府官方账号没有相应信息宣传或内容不丰富，使其不被公众关注，粉丝数少，例如烟台地区的食品药品监督管理局官方微博（见图 7-2（a）），关注者仅数人，粉丝数 105（采样时间 2019 年 4 月 5 日）。食品领域的媒体在社交媒体的影响力也不够大，如中国食品安全报山东记者站关注者 548 人，粉丝 1000 余人（采样时间 2019 年 4 月 5 日）。官方微博与公众之间缺少互动。公众对官方微博账号发布的消息做出评论，官方微博大多未做出任何回应；公众在官方发布的投诉举报渠道遇到推诿责任的问题并向官网微博发出质疑评论，而官方也没有给出明确的答复。

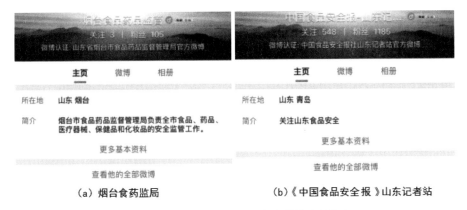

（a）烟台食药监局　　　　（b）《中国食品安全报》山东记者站

图 7-2　山东食品领域部分官方微博账号信息

第二节　公众投诉举报行为的影响因素

一、相关理论

举报投诉行为与多种因素相关，这里使用四种理论解释公众的举报行为。

1. "经济人"假设理论

亚当·斯密提出的创造性假设"理性经济人"假设，他认为人都是自利的，人们能够自发地为自己的利益所得最大化而做出理性的选择，该理论把人看作具有完全理性的"经济人"。在公众参与监督时，公民会表现出利己的一面，在公众进行食品安全投诉举报的过程中，并不是完全为了维护市场秩序和社会治安，公民也会权衡自身的利弊从而做出利益最大化的选择。所以，食品安全对公众利益的影响、投诉举报成本以及举报有奖机制等，都会是影响公众举报意愿的因素。

2. 新公共管理理论

新公共管理理论是指通过企业的管理方法来管理政府机构，利用市场的竞争机制来改善政府机关的管理，该理论强调政府应该以顾客为中心，提供回应性服务，并且把公众满意度作为行政绩效的评估内容和指标（何颖和李思然，2014）。市民的健康应该成为政府服务的目标，而如果市民有举报需求，政府应该为市民举报提供畅通的渠道服务和反馈，这将影响市民的举报意愿和行为。

3. 信息不对称理论

信息不对称是市场运行机制下的共性问题，政府在管理公众参与食品质量与安全监管的过程中也会出现该问题。信息不对称存在于政府、消费者与食品生产经营者之间，政府与公众之间也会存在信息不对称。政府已经建立起一套举报机制，而公众并不知晓。公众对某些食品质量安全风险已经感知，这些信息未传递到政府。

4. 感知不确定性理论

感知不确定性是用来描述一些无法判断事情发生的概率，或者无法预测未来事件可能产生的结果等情况，是一种由于个人缺乏足够的信息而无法进行预测的感知。该理论大多用于消费者在进行购买中的消费意愿调查（张耕，刘震宇，2010），将其应用于参与食品质量监管的公众身上也有相似的结论。公众通常倾向于减少不确定性而做出更准确的选择和行动。依据感知不确定性理论，公众的举报行为可能的影响因素有：公众自身对食品安全的认知；公众是否熟悉投诉举报流程；公众不熟悉政府对于举报的处理态度；公众难以给出关于食品安全举报的具体信息；公众对于投诉举报的预期结果与真实感受的差异等。

二、利益相关性的影响

利益相关性对公众的举报行为有很大影响的假设得到了数据验证，分别表现在公众的自身利益，有奖举报的利益，举报成本问题损失尤其是感情精力与经济赔偿的利益等方面。研究表明，利益相关性越大则公众会更倾向于做出投诉举报。

（一）食品质量安全对公众自身的利益影响

根据调查有81.9%的公众认为食品质量安全对他们自身的利益有非常大的影响，12.8%和3.1%的公众认为比较有影响和一般有影响，仅有2.2%的公众认为影响不大（包括1.7%有一点影响和0.9%完全没影响）。这说明食品安全在人们心中有非常重要的地位，这更能说明政府和食品安全监管部门应该重视公众在监督管理中的行为意愿以及重要作用。

而在调查中发现认为食品质量安全对自身利益影响不大的人都没有投诉举报的行为，而且在有过投诉举报的人中，高达82.22%的公众认为食品质量安全对自身利益有着非常大的影响。公众对一个问题的认识是激发公众行为的重要因素，其中利益驱动会是一个重要的影响因素，公众愿意为了维护自己的合法权益而做出行动。

（二）举报奖励政策的影响

仅有 2.5% 的公众非常了解有奖举报政策，而占 42.4% 大比例的公众完全没有了解，且有 16.5% 和 33.3% 的公众有一点了解和一般了解。

我国最早在 2001 年就由国家工商总局和国家质检总局对食品安全有奖制度做出过相关规定，随后各个省份分别出台类似的政策，到 2012 年，我国已经有 21 个省份确立了关于有奖举报的制度。最终在第十二届全国人大常委会修订并通过了《食品安全法》，其中的第 12、13 条规定明确了"食品安全有奖举报制度"。有奖举报政策即涉及国家政策问题又影响公众利益问题，公众对该政策的了解体现了政府和食品质量安全监管部门在关于投诉举报等相关政策的宣传力度，也反映出公众对投诉举报政策的关注度。

进一步研究该问题对公众参与投诉举报行为的影响时发现（见图 7-3）有过投诉行为的人中了解有奖投诉政策的公众高达 75.55%，而没有投诉行为的人中只占有 54.71%，该结果可以看出举报有奖政策会较大地影响公众举报的参与行为。有奖举报政策即涉及国家政策问题又影响公众利益问题，是根据社会大众经济人的社会角色而制定的一项以金钱利益为基础的激励措施，这项制度不仅能充分发挥公众自身的价值，也能为政府贡献重要的决策管理信息。

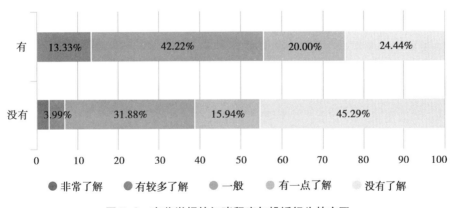

图 7-3　有奖举报的知晓程度与投诉行为的交互

公众对该政策的了解体现了政府和食品质量安全监管部门在关于投诉举报等相关政策的宣传力度，也反映出公众对投诉举报政策的关注度。有奖举报虽然在过去几年有了不少成绩但是依然没有形成一个科学合理的制度结构，且缺乏统一奖励原则，也没有相对规范的举报程序。政府应加大有奖举报热线的宣传力度、明确有奖举报的范围以及奖励金额、消除有奖举报的误区、使有奖举报和公众参与两者紧密结合，相互渗透，驱动公众参与食品质量安全投诉举报。

（三）举报成本和损失的影响

调查中发现公众对于投诉举报所花费的时间的态度与是否做出举报行为之间的关系不太大，有过投诉举报行为的群体中有 24.44% 非常在意时间成本，没有投诉行为的群体中非常在意时间花费的人也占到了 17.75% 的比率。

相对比较明显的影响因素是花费的精力与感情投入，有过举报行为的人中 35.56% 的公众表示他们非常在意投诉中所花费的情感与精力，而没有投诉行为的群体中 22.46% 的人非常在意该问题。

26.67% 的公众认为投诉举报后的经济赔偿非常重要且有过举报行为，而仅有 12.68% 的人认为经济赔偿很重要却没有投诉举报过，说明非常在意经济赔偿的人大多还是会有举报行为的。

荣誉感似乎对举报行为没有较大的影响，有无举报行为的公众中非常在意举报后所获得的荣誉的人占比基本一致，但比较在意的群体中就有了很大的差别，有过举报行为的群体中有 28.89% 的人比较在意荣誉，而没有举报的人仅有 14.86% 的人觉得荣誉感比较重要。

由于参与投诉举报的成本和损失都无法确定，所以会导致公众在参与政府决策的过程中存在"搭便车"的可能性，即自己不付出任何成本或努力也能直接享受他人牺牲成本而带来的利益。参与投诉举报行为中不仅会花费自己的成本和利益，而且有可能涉及其他利益群体的利益，担心自己遭受报复而不想出头。"搭便车"的公众会认为食品质量安全监管本就是社会公众共同的责任，即使自己不做也会有其他人积极参与投诉举报、积极参与政府监管，就可以不用付出任何成本可以获得与大家同样的利益，从而产生消极行为，不会积极参与投诉举报。

三、公众满意度的影响

公众的满意度会影响公众投诉举报行为，分别表现在公众对食品安全信息宣传的满意度，公众对政府对举报者保护情况的满意度，公众对监管部门工作的满意度等方面。研究表明，公众满意度越高则越会使公众做出投诉举报。

调查显示公众对政府在食品质量安全监管信息的宣传方面的满意度相对较差，仅有 1.9% 的人非常满意，13.4% 的人比较满意，非常不满意和不太满意的群体共占到 42.2%。

政府的食品质量安全监管信息的宣传力度对公众参与投诉举报行为有较小的影响（见图 7-4），有过举报行为的群体中没有非常满意的人，仅有 20% 的人对信息宣传比较满意，而没有进行投诉举报的群体中仍有 12.68% 的人对政府部门的宣传力度非常不满意。

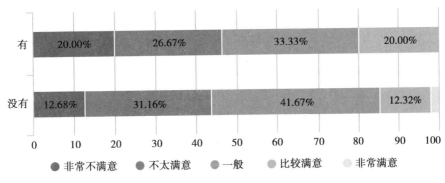

图 7-4　食品安全信息宣传满意度与举报行为的交互

政府应该改善监管机制，提高食品质量管理的透明度，增加信息公开的渠道，在政府官方网站、微信公众平台、微博官方账户等多种平台发布官方的、权威的信息，可以宣传公众参与投诉举报的有关信息以激发公众的参与意愿，而且可以让公众更加清楚投诉举报的范围、条件、过程等信息，给食品安全监管处理举报部门减少了很多负担。另外，政府不仅要发布有关公众参与的信息，还要加强政府部门对于食品安全监管的工作情况，帮助公众了解政府部门的日常工作，使公众更加信任政府的工作，从而提高公众的满意度，进而促使公众积极参与投诉举报。

公众对于政府给予举报人的保护相对不太满意，仅有 6.5% 的人非常满意，有 18.7% 比较满意，非常不满意和不太满意举报人的保护工作的群众共占 29.3%。有过投诉举报的人中有 24.44% 非常不满意举报人的保护工作，还有 17.78% 的人不太满意，共计 42.22%，近一半的举报人都不满意对他们的保护工作，而依然进行投诉举报。

由于经济社会的复杂性，公众对于食品质量安全问题的投诉举报很有可能涉及多方面甚至政府的利益，所以为了减轻公众的举报压力，监管部门应避免一些空洞的保护政策，例如"对于泄露举报者信息的行为，要依法追究法律责任"等毫无操作性的相关条例，公众在此类模糊的信息中得不到可以保护自己的政策优势，自然不会积极做出举报行为。因此，政府和食品安全监管部门也应该从救济入手，一方面对于举报者的个人信息要进行严密保护，给举报者心理上的安慰；另一方面对于泄露举报者信息的机关或单位，要有明确且严厉的处罚。而且政府要完善相应的匿名举报途径以及相对应的匿名领奖方式，完善相应的保护法让举报人在投诉举报时有明确的法律保障，这样不仅对举报者的个人信息给予尊重，而且还能让举报者在信息被泄露、合法权益受到侵犯时有明确的救济途径保障自己的安全。

调查显示公众对食品质量安全监管部门工作人员的态度评价仅有 1.9% 的人非常满意，13.4% 的公众比较满意，有很大一部分选择了一般，30.5% 的公众表示不太满意，更是有 13.7% 的人表示非常不满意工作人员的态度。对于食品安全监管部门的处理效率有 3.4% 的公众非常满意，20.3% 的公众比较满意，但仍然有 14.4% 的公众不太满意，并且 11.9% 的公众非常不满意监管部门的问题处理效率。

食品质量安全监管部门的工作人员是与举报人联系最密切的，工作人员的态度和工作效率等因素将会直接影响举报人的积极性，他们是政府以及机关单位与公众之间进行信息沟通交流的重要渠道，是公众能够切身体会政府形象的直接途径。

四、感知不确定性的影响

公众的感知不确定会影响公众投诉举报行为的假设得到了数据验证，分别表现在公众举报途径的不确定，公众对政府的现状、工作需要以及处理方式的感知不确定等方面。研究表明，公众的感知不确定性程度越低则会使公众更愿意做出投诉举报行为。

调查显示有 18.9% 的公众非常同意是自己对食品质量安全投诉举报的渠道的不确定性导致了没有过食品安全问题的投诉举报行为，27.4% 的公众比较同意这个说法，而大部分 47% 选择基本同意。举报途径的选择是公众进行举报的首要步骤，不能明确举报途径一定会影响公众参与投诉举报的意愿甚至放弃投诉举报，而公众的不明确又包含很多种可能因素，比如不了解哪些举报途径是有效的，不清楚哪个举报方式不会泄露自己的个人信息等问题。

21.9%的公众非常同意由于自己不确定政府是否会妥善处理自己的举报问题而没有进行投诉举报，有24.2%的人比较同意；有18.7%的公众非常认可没有进行投诉举报的原因是政府不了解当地的食品安全现状，有25.4%的公众比较同意，而只有这一选项出现了非常不同意，有4.1%的人不认为这是自己没有进行投诉举报的原因；17.6%的公众非常同意没有投诉举报的原因是自己不确定政府是否需要举报信息，相对前三个理由较少，也有23.5%的人比较同意，而大多数人都是选择了基本同意的选项。

公众对于自己的感知不确定性选择，大致有一半的人都选择了基本同意，说明大家对自己的感知信息还不够了解，不能够以此做出原因判断。感知不确定性大都是由信息不对称导致的。

公众在进行举报时会关注不同的感知价值，分别有情感价值、价格价值和社会价值。情感价值是指食品安全问题举报这个行为能给公众带来的情感或精神上的满足感；价格价值是公众通过投诉举报获得的好处和利益，与举报过程中付出的时间、情感以及经济等成本相比所获得的满足感的大小；社会价值是指公众在投诉举报时产生的社会认同感，公众认为保护食品质量安全是一件为社会做贡献的事情，公众就会对自己的行为产生满足感或荣誉感，认为社会公众对自己的认同会增加。公众在做出行动时会选择符合自己自身利益的行为，只有满足了公众的各种感知价值，才能够消除感知不确定性，让公众能够更轻松地做出选择，积极参与投诉举报。

公众的感知不确定还有其他的影响因素，公众缺乏亲身体验和信息搜索不充分等问题会导致公众的不确定，公众没有真正亲身体验过投诉举报，对所有的举报过程的感知，以及对监管部门和政府的感知都是间接性的，通过网上的信息或其他投诉举报过的人进行了解，而且政府部门对于食品安全投诉举报信息的公开程度远远不够，使得公众无法获知最权威的信息而产生感知不确定。

监管部门在对食品生产厂商进行管理时会有部分被监管人不配合工作，导致监管部门需要承担较大的人力资源压力与经济成本压力。对于这种问题，政府以及监管部门应该把精力放到公众身上，提高监管部门的工作透明度，增加鼓励政策，减少公众对政府监管的感知不确定，从而激发公众的投诉举报行为。

第三节 政策建议

公众的食品安全投诉举报行为会受到利益相关性、公众满意度和感知不确定三个方面的因素影响。为此，提出如下政策建议：

一、重视并加强新媒体的信息渠道功能

新媒体具有互动性便利、跨时空等优势，一方面要更多公开政府信息，利用微信官方公众号或政府官方微博发布有关食品质量安全的信息以及投诉举报的相关政策；另一方面，要重视对公众提供信息的反馈，保持与公众的密切联系。

二、鼓励公众参与社会治理

现代化治理体系要求多元主体参与，协同共治。政府要加强人们对于公众参与的理解和认识，公众不仅要明白食品质量安全的重要性，更要明白公众作为社会的主体应该承担起公众参与的责任。政府应鼓励并构建全民参与食品质量安全治理的文化氛围和制度体系。

三、健全公众参与的制度保障

公众参与食品安全的投诉举报，是由于公众受到了侵犯自己生命健康权的违法行为，并且公众不仅愿意花费时间精力成本，而且还要承担一定的风险来进行投诉举报，那么政府就有义务保护举报人的人身安全以及经济利益。监管部门不仅要处理好公民举报的问题，更要完善相应的保障制度为公众参与共治提供支持。

四、健全公众参与的激励机制

公众作为一个理性的"经济人"，他们的意愿与行为在多数情况下会受到利益关系的影响，激励机制是增加公众参与最有效的方法之一。政府首先要完善有奖举报机制，简化奖励流程，以鼓励公众参与。

第八章 结论与展望

第一节 研究结论与主要贡献

一、研究结论

本书以信息分析视角为切入点，应用情报科学、计算语言学等多学科的研究方法，重点解决风险信息抽取过程中的理论和技术问题。本书的主要结论如下：

（1）本书首先剖析了风险信息的概念内涵和元素。依据风险概念和风险管理理论，使用理论演绎法得到风险信息概念的核心是与风险因素、风险事件和风险损失后果相关的信息。依据信息描述的内容、管理实践中的作用和特征，风险信息应分为静态风险信息和动态风险信息。静态风险息是关于风险链条的信息和损失系数的信息，这类信息更新慢，可靠性强；动态风险信息是关于事件是否发生的信息，这类信息是动态的，时效性强。两类信息的来源、主要元素、更新速度和信息内容都有差异，另外，两类信息又存在融合和交互。

两类风险信息在风险管理中作用不同。在风险识别和评估阶段主要收集静态风险信息，在风险监控阶段主要采集动态风险信息，而动态风险信息需要与静态风险信息融合才能真正支持决策。而风险信息管理的过程实际上是数据—信息—知识—智慧的转化过程，可以借助情报工程的理论和方法实现信息处理流程自动化和智能化。

（2）研究归纳了风险信息的来源和特征，并总结了风险信息源特征，检验了搜索词表加网络爬虫的数据采集方法。风险信息具有信息的一般性质，如传递性、共享性、时效性等，也有如全球性、价值差异性等独特性质等。互联网中与食品安全有关的风险信息资源具有内容丰富、可检索、可获取、更新及时的特征，但大多不提供机读格式，且数据结构多样，信息可信度差异大，有效信息密度低和信息冗余度高。词表构建采取了领域词表、主题词表扩展和语义相似扩展等方法，实验结果展示了该方法的可用性，初步建立了一个食品安全风险信息实验语料库。但也发现了使用不同类别词表会采集到重复数据，以及数据分布不均衡的问题。

（3）风险信息的主要元素有多个类别，如命名实体、动作状态等。如果对每一种元素设计一种抽取方法，算法的时间复杂度很高，实用性差。本书探索了一种依存树语义模板加筛选的方法，可以一次性从微博文本中抽取动态风险信息的主要元素，实现了较高的查全率，部分模板实现了对某一类型元素的100% 查全率，综合查全率为 70.77%。但准确率不理想，经过相似微博融合的策略改进后，准确率得到较大提高，达到 67.63%。

在研究实验中，模板是人工总结的，数量少且结构简单。依存树分析的信息非常丰富，实验中并没有利用其全部信息。未来研究可以继续对语料进行人工标注，使用监督或半监督的机器学习的方法优化对模板的选择。

（4）本书抽取了不同类别微博风险信息的元素，并对其融合应用进行了实例分析，同时对微博进行了情感倾向统计分析和主题分析。结果表明，负面情感倾向较多的产品与检测不合格存在相关性，微博中可以挖掘出有价值的风险信息，如消费者对产品体验的负面评价和员工对生产过程的负面揭示，风险信息的细粒度抽取以及与其他来源信息的有效融合在实践中有显著的决策支持作用。

二、主要贡献

本书面向食品安全管理的实践需要，在风险理论演绎的基础上，对风险信息的概念进行了界定，总结了风险信息的特征，并对风险信息进行了结构化定义，从互联网中采集风险信息，并提出一种基于依存树分析的风险信息元素抽取方法。

（一）理论创新

本书在对风险理论演绎和风险管理实践调研的基础上，对风险信息的内涵进行了剖析，依据风险信息的描述对象、作用和特征，提出应区分静态风险信息和动态风险信息，归纳了风险信息的主要元素并对风险信息进行了结构化定义。以食品安全管理为应用目标，阐明了两类不同风险信息在数据源、信息分析方法方面的差异和交互关系。研究结论进一步丰富了风险管理中风险信息的概念，对食品安全管理理论提供了一个信息分析的视角，扩展了信息资源管理的研究范围，实现了一定程度的创新。

（二）方法创新

本书提出基于自然语言语义依存树分析的风险元素抽取方法，可以一次性抽取多种风险元素信息，与基准方法（词表法）比较，查全率较高，且算法效率高，时间复杂度低。另外，采用字符特征、语句相似与语义角色结合的微博融合算法，合并相似微博，进一步提高了信息元素抽取的准确率。风险信息元素抽取方法对社交媒体数据的信息分析和食品安全监测领域方法论的丰富和扩展做出了一定的贡献。实验为大数据背景下的食品安全数据的挖掘与利用的后续研究提供了数据基础，为实践提供了实用性较强的信息分析方法。

依存树分析和筛选相结合的方法对复合元素抽取任务的研究有所启示。依存树分析结果提供了丰富的信息，可以较快地完成抽取任务，适合缺少领域知识和标注语料的信息抽取。

尚未发现以往的信息抽取方法对语料单元进行相似性合并处理。相似语料单元合并后，可以减少算法重复同一错误的频次，从而提高准确率。合并相似语料单元与信息抽取任务的应用目标密切相关，因此该方法及其实验结果提示不同应用目标的信息抽取任务可以有不同的评测标准，为设计特定目标的信息抽取方法提供了新思路。

（三）应用创新

微博数据应用于风险管理大多是统计分析的思路，本书对风险信息进行了结构化定义，将微博内容进行细粒度的抽取，并归入不同的风险信息元素，然后和其他互联网中多来源的信息资源进行整合和加工，信息抽取提供了内容丰富且结构化的结果，更有助于后续开展数据挖掘，展示了对风险管理决策的价值。本书实验中构建的词表超过10个条，采集微博数据8万余条，并对其中近5000条微博数据进行了风险信息元素标注，初步建立起一个食品安全风险信息数据库。研究展示了互联网信息结构化存储与信息分析对风险管理的价值，为互联网信息在食品安全风险管理中的应用提供了参考案例和方法。

第二节 研究局限与研究展望

一、研究局限

本书仍然存在一定的局限性，如下所述：

（1）风险信息的定义和交互关系研究是在对食品安全管理实践的调研基础上构建的，对其他风险管理领域没有调研和实证检验。因此，静态风险信息和动态风险信息的分类方法，以及风险信息的交互关系是否适用于其他风险信息管理领域，尚缺少充足的证明。

（2）限于时间和成本，数据样本不够大。本书实验中静态风险信息来自两个互联网网站的部分数据；所采用的社交媒体数据集，收集了国内两家企业2013年到2016年的数据，数据覆盖面不够大，因此在挖掘结果中可能会遗漏一些具有时效特征和关联价值的风险信息。样本小限制了静态风险信息与动态风险信息元素抽取实验的分析深度。

（3）本书提出的风险信息元素抽取方法，借助于语义角色的标签，可以识别不同的风险信息元素类别，但准确率受语义角色标注的性能影响较大。自然语言处理技术的性能影响风险信息深加工的效度。规则模板是人工总结的，数量少，尽管保证了查全率，但影响了准确率，可以考虑使用机器学习的方法优化模板。另外，本研究的信息元素抽取是一种细粒度的信息抽取，而相似度计算的算法时间复杂度较高，因此风险信息的细粒度抽取和分析增加后续信息处理的复杂度。风险信息元素的抽取评测缺少横向比较，因此文本提出的方法是否是最优方法仍需要更多检验和比较。限于研究范围，本书没有对风险信息元素进一步聚类和分析。风险信息元素的聚类和关联将是知识发现的过程，有利于挖掘新知识。

（4）与食品安全事件潜伏和发展的周期比较，本书的日期跨度小，尽管实验数据已经得到初步的验证，其长期效果未来仍需要较长周期的检验。静态风险信息和动态风险信息的交互与融合过程，受限于实验数据，本书采用举例的方法对交互过程进行了说明，尚缺少大规模的实验数据对两类风险信息的融合效果做出综合评价。

二、研究展望

在对国内外相关文献的梳理和对本书内容进行总结的基础上，在风险管理、风险信息资源管理和食品安全管理研究的交叉领域，以下问题可以继续深入研究：

（1）风险信息的结构化。在风险管理领域，风险信息没有作为独立的研究内容，在数字化时代，风险信息需要规范化的定义。本书定义的两类风险信息的五元组结构和四元组结构是关于识别风险的核心信息，不能包括所有的风险信息，因此未来研究可以将风险信息区别为核心集和附加集，完善风险信息的结构化定义。

（2）用户分享内容的自动识别与聚类。公众在社交媒体中分享的内容包含举报、投诉、体验等多方面内容，这需要分类处理，并与领域知识结合才能挖掘出利用价值。风险信息元素抽取与以往的命名实体识别、事件抽取、观点挖掘和文本聚类等有关联，但又有差异，需要结合风险信息的需求和特征，寻找最合适的方法并加之改进，提高风险信息抽取的效率。

（3）领域知识库建设。本书的实验分析表明，语义资源和本体等领域知识对信息自动分析有重要作用，但目前仍然缺少完备的食品安全领域的本体或概念知识库。在本书提出的风险信息结构化定义的基础上，后续研究可以借助领域本体技术，构建食品安全知识本体，对食品安全相关知识概念之间的语义关系进行更规范的表示，可以有效提高信息处理的自动化水平，进而提高其实践应用价值。

（4）高层次信息融合问题。风险信息的细粒度抽取和结构化存储后，信息的融合是后续的新问题。风险信息的多源信息融合、高层次信息融合问题是提高风险信息的利用效率进而提高风险管理能力的重要环节。后续研究可以深入讨论中英文食品安全相关信息资源的知识整合，专家经验等隐性知识如何表示并与风险信息管理系统融合，以及高层次信息融合中知识的可视化呈现方法。

参 考 文 献

［1］A.balazs J，D.velásquez J. Opinion Mining and Information Fusion：A Survey［J］.
Information Fusion，2016，27（6）：95-110.

［2］Aggarwal CC，Yu PS. On Effective Conceptual Indexing and Similarity Search in Text Data［C］//
Proceeding Icdm'01 Proceedings of the 2001 Ieee International Conference on Data Mining，
Washington，D.C.，Usa：Ieee Computer Society，2001：3-10.

［3］Ahn D. The Stages of Event Extraction［C］//Arte 06 Proceedings of the Workshop on
Annotating & Reasoning About Time & Events，Sydney：Association for Computational
Linguistics，2006：1-8.

［4］Barateiro J，Borbinha J. Integrated Management of Risk Information［C］//Federated
Conference on Computer Science and Information Systems -Fedcsis 2011，Szczecin，Poland，
18-21 September 2011，Proceedings，Szczecin，Poland：Piscataway，Nj Ieee 2011，
2011：791-798.

［5］Björne J，Salakoski T. Generalizing Biomedical Event Extraction［C］//Proceedings of
Bionlp'，Portland：Association for Computational Linguistics，2011：183-191.

［6］Budanitsky A，Hirst G. Evaluating Wordnet-based Measures of Lexical Semantic Relatedness
［J］. Computational Linguistics，2004，32（1）：13-47.

［7］Buettner R. Getting a Job Via Career-oriented Social Networking Sites：The Weakness of Ties
［C］//In Hicss-49 Proceedings：49th Hawaii International Conference on System Sciences
（hicss-49），Kauai，Hawaii：Ieee.，2016：2156-2165.

［8］C.arthur.williams，Smith Michael，Young Peter. Risk Management and Insurance［M］. New
York，USA：McGraw-Hill Publishing Corperation，1995：10-80.

［9］Chengxiang Zhai. Mining Text Data［M］. New York USA：Springer，2012：385-408.

［10］Chinchor N. MUC-7 Named Entity Task Definition［C］//Proceedings of the 7th Message
Understanding Conference，Virginia：Association for Computational Linguistics，1998：
1-21.

［11］Dezfuli Homayoon. NASA Risk Management Handbook［EB/OL］. USA：NASA，2011-11-1
（2011-11-1）［2016-5-6］. http：//www.hq.nasa.gov/office/codeq/doctree/NHBK_2011_3422.
pdf.

[12] Dhillon IS, Modha DS. Concept Decompositions for Large Sparse Text Data Using Clustering [J]. Machine Learning, 2001, 42（1）: 143-175.

[13] Elavarasi SA, Akilandeswari J, Menaga K. A Survey on Semantic Similarity Measure [J]. International Journal of Research in Advent Technology, 2014, 2（3）: 389-399.

[14] Executive-office-of-the-president. Big DATA: Seizing opportunities, Preserving Values [EB/OL]. USA: The White House, 2014-05-01（2014-05-01）[2018-09-25]. https://www.whitehouse.gov/sites/default/files/docs/big_data_privacy_report_may_1_2014.pdf.

[15] Gerber M, Solms RV. Management of Risk in the Information Age [J]. Computers & Security, 2005, 24（1）: 16-30.

[16] Gilardi L, Fubini L. Food Safety: A Guide to Internet Resources [J]. Toxicology, 2005, 212（1）: 54-59.

[17] H. Gomaa W, A. Fahmy A. A Survey of Text Similarity Approaches [J]. International Journal of Computer Applications, 2013, 68（13）: 13-18.

[18] Hall DL, Mcneese M, Llinas J, et al. A Framework for Dynamic Hard/soft Fusion [C] // Information Fusion, 2008 11th International Conference on, New York: Ieee Xplore, 2008: 1-8.

[19] Hofmann T. Unsupervised Learning by Probabilistic Latent Semantic Analysis [J]. Machine Learning, 2001, 42（1）: 177-196.

[20] Hse. HSE-individual Risk Societal Risk Technical-policy-issues [EB/OL]. UK: HSE, 2010-02-01（2010-02-01）[2018-09-25]. http://www.hse.gov.uk/societalrisk/technical-policy-issues.pdf.

[21] Hu Xia, Liu Huan. Text Analytics in SocialMedia [C] //Charu C. Aggarwal.

[22] I. Titov, R. McDonald. A Joint Model of Text and Aspect Ratings for Sentiment Summarization [C] //Proceedings of Annual Meeting of the Association for Computational Linguistics, ACL 2008, Ohio: Association for Computational Linguistics, 2008: 308-316.

[23] Jensen EC, Beitzel SM, Pilotto AJ et al. Parallelizing the Buckshot Algorithm for Efficient Document Clustering [C] //International Conference on Information and Knowledge Management, Mclean, usa: Acm, 2002: 684-686.

[24] John W. Ratcliff, David E. Metzener. Gestalt Pattern Matching [EB/OL]. 1988-07-01. [2016-5-3]. http://www.drdobbs.com/database/pattern-matching-the-gestalt-approach/184407970? pgno=5.

[25] Jonkman SN, Jongejan R, Maaskant B. The Use of Individual and Societal Risk Criteria Within the Dutch Flood Safety Policy-nationwide Estimates of Societal Risk and Policy Applications [J]. Risk Analysis, 2011, 31（2）: 282-300.

［26］Kaplan AM，Haenlein M. Users of the World，Unite！ the Challenges and Opportunities of Social Media［J］. Business Horizons，2010，53（1）：59–68.

［27］Kaplan S，Garrick BJ. On the Quantitative Definition of Risk［J］. Risk Analysis，1981，1（1）：11.

［28］Liu Bing，Zhang Lei. Latent Dirichlet Allocation［J］. The Journal of Machine Learning Research，2003，3（3）：993–1022.

［29］Liu H，Wang P. Assessing Text Semantic Similarity Using Ontology［J］. Journal of Software，2014，9（2）：490–497.

［30］Liu T，Liu S，Chen Z et al. An Evaluation on Feature Selection for Text Clustering［C］// Machine Learning，Proceedings of the Twentieth International Conference，Washington，D.C.，Usa：Dblp，2003：488–495.

［31］Lu Y.，Zhai C.，Sundaresan N. Rated Aspect Summarization of Short Comments［C］// Proceedings of International Conference on World Wide Web，WWW 2009，New York：ACM，2009：131–140.

［32］Open–government–data–working–shop. The 8 Principles of Open Government Data［EB/OL］. California：The 2007 working group，2007–12–09［2018–09–25］. https：//opengovdata.org/.

［33］Pang Bo，Lee Lillian. Opinion Mining and Sentiment Analysis［J］. Foundations and Trends in Information Retrieval，2008，2（1）：1–135.

［34］Plaza–rodríguez C，Thoens C，Falenski A et al. A Strategy to Establish Food Safety Model Repositories［J］. International Journal of Food Microbiology，2015，204：81–90.

［35］Qiu G，Liu B，Bu J et al. Opinion Word Expansion and Target Extraction Through Double Propagation［J］. Computational Linguistics，2011，37（1）：9–27.

［36］Rattenbury T，Good N，Naaman M. Towards Automatic Extraction of Event and Place Semantics From Flickr Tags［C］//Proceedings of the 30th Annual International Acm Sigir Conference on Research and Development in Information Retrieval，2007：103–110.

［37］Rausand Marvin. 风险评估：理论、方法与应用［M］. 北京：清华大学出版社，2013：4–5.

［38］Rosenbloom J. A Case Study in Risk Management［M］. Des Moines，Usa：Meredith Corp，1972：1–100.

［39］Ross T，Sumner J. A Simple，Spreadsheet–based，Food Safety Risk Assessment Tool［J］. International Journal of Food Microbiology，2002，77（1）：39–53.

［40］Salah A，Moselhi O. Risk Identification and Assessment for Epcm Projects Using Fuzzy Set Theory［J］. Canadian Journal of Civil Engineering，2016，43（3）：429–443.

［41］Suo H G，Zhang J J. Evaluation method of automatic summarization calculating the similarity of text based on HowNet［C］// IEEE International Conference on Intelligent Computing and Intelligent Systems. IEEE，2010：534–537.

［42］Titov I.，Mcdonald R. Modeling Online Reviews with Multi-grain Topic Models.［C］// Proceedings of International Conference on World Wide Web，WWW 2008，New York：ACM，2008：111–120.

［43］Wang B，Wang H. Bootstrapping Both Product Features and Opinion Words from Chinese Customer Reviews with Cross-inducing［C］//Proceedings of the International Joint Conference on Natural Language Processing，Hyderabad：Ijcnlp，2008：1–7.

［44］Wang T，Cai Y，Leung H et al. Product Aspect Extraction Supervised with Online Domain Knowledge［J］.Knowledge-based Systems，2014，71（0）：86–100.

［45］Wilbur WJ，Sirotkin K. The Automatic Identification of Stop Words［J］. Journal of Information Science，1992，18（1）：45–55.

［46］Yellman T W . The Event：An Underexamined Risk Concept［J］. Risk Analysis，2016，36（6）：1072–1078.

［47］Zamir O，Etzioni O. A Dynamic Clustering Interface to Web Search Results［J］. Computer Networks the International Journal of Computer & Telecommunications Networking，1999，31（11）：1361–1374.

［48］艾华.浅谈博客作为竞争情报信息源的可靠性［J］.图书情报工作，2009，53（8）：54–57.

［49］王小萱.食品安全标准与执法亟须转变思路　全社会风险信息交流水平亟待提高［N/OL］.中国食品报，2015–3–11.

［50］曹鹏，李静远，满彤等.Twitter 中近似重复消息的判定方法研究［J］.中文信息学报，2011，25（1）：20–27.

［51］杜锐，朱艳辉，鲁琳等.基于 SVM 的中文微博观点句识别算法［J］.湖南工业大学学报，2013（2）：89–93.

［52］范道津，陈伟珂.风险管理理论与工具［M］.天津：天津大学出版社，2010：1–157.

［53］冯利军，李书全.基于 SVM 的建设项目风险识别方法研究［J］.管理工程学报，2005（19）：11–14.

［54］冯淇.消费品质量评价及其政府监管研究［D］.广州：华南理工大学，2014.

［55］冯维扬.反竞争情报对策研究：虚假信息与信息可靠性定量分析［J］.情报学报，2001，20（6）：728–732.

［56］高永超，刘丽梅，王灯等.食品安全风险情报类信息数据分析［J］.食品工业，2015，36（2）：222–228.

［57］郭云龙，潘玉斌，张泽宇等.基于证据理论的多分类器中文微博观点句识别［J］.计

算机工程，2014，40（4）：159-163，169.

[58] 何颖，李思然.新公共管理理论方法论评析［J］.中国行政管理，2014，（11）：66-72.

[59] 洪巍，吴林海.中国食品安全网络舆情发展报告（2014）［M］.北京：中国社会科学出版社，2014：35-43.

[60] 胡卫中，齐羽，华淑芳.浙江消费者食品安全信息需求实证研究［J］.湖南农业大学学报（社会科学版），2007，8（4）：8-11.

[61] 化柏林.多源信息融合方法研究［J］.情报理论与实践，2013，36（1）：19-22.

[62] 黄泽萱.风险信息供应中的公众参与——以我国PM2.5自测活动为例［J］.暨南学报（哲学社会科学版），2013，35（5）：15-24，161.

[63] 纪雪梅.特定事件情境下中文微博用户情感传播研究［D］.天津：南开大学，2014.

[64] 贾增科，邱菀华.风险、信息与熵［J］.科学学研究，2009，27（8）：1132-1136.

[65] 姜万军，喻志军.中国食品安全风险管理研究［M］.北京：企业管理出版社，2013：1-227.

[66] 金春霞，周海岩.动态向量的中文短文本聚类［J］.计算机工程与应用，2011，47（33）：156-158.

[67] 孔芳，周国栋，朱巧明，钱培德.指代消解综述［J］.计算机工程，2010，36（8）：33-36.

[68] 蓝雁玲，陈建超.基于词性及词性依存的句子结构相似度计算［J］.计算机工程，2011，37（10）：47-49.

[69] 李彬，刘挺，秦兵等.基于语义依存的汉语句子相似度计算［J］.计算机应用研究，2003，20（12）：15-17.

[70] 李芳，何婷婷，宋乐.评价主题挖掘及其倾向性识别［J］.计算机科学，2012，39（6）：159-162.

[71] 李菲菲.基于风险认知和信息需求的食品安全信息发布机制研究［D］.天津：天津大学，2012.

[72] 李林红，李荣荣.新浪微博社会网络的自组织行为研究［J］.统计与信息论坛，2013，28（1）：88-95.

[73] 李文琼.基于互联网的产品质量安全风险预警研究［D］.北京：中国矿业大学，2014.

[74] 李霄.面向中文微博的观点句识别研究［J］.情报学报，2014，33（9）：135-192.

[75] 廖卫东，时洪洋，肖钦.中国食品安全治理研究［M］.北京：经济管理出版社，2018：225.

[76] 林鸿飞.基于组块分析的评价对象识别及其应用［J］.广西师范大学学报（自然科学版），2011，29（1）：151-156.

[77] 刘刚.基于互联网的食品安全风险治理研究——信息工具视角［J］.山西农业大学学

报（社会科学版），2016，15（10）：740–746.

［78］刘茜.公众的食品质量安全投诉举报行为调查［D］.烟台：鲁东大学，2019.

［79］刘炜.关联数据：概念、技术及应用展望［J］.大学图书馆学报，2011，29（2）：5–12.

［80］刘晓峰.信息向量与信息接发失真的若干思考［J］.现代情报，2006，26（2）：49–50.

［81］刘新立.风险管理［M］.北京：北京大学出版社，2014：12–15，175–199.

［82］刘岩，孙长智.风险概念的历史考察与内涵解析［J］.长春理工大学学报（社会科学版），2007，20（3）：28–31.

［83］刘毅.网络舆情研究概论［M］.天津：天津人民出版社，2007：10–455.

［84］罗伯特·克拉克.情报分析［M］.北京：金城出版社，2013：160–190.

［85］吕云云，李旸，王素格.基于BootStrapping的集成分类器的中文观点句识别方法［J］.中文信息学报，2013，27（5）：84–92.

［86］马畅.风险信息类型、时间和情绪对环境风险认知的影响［D］.长春：吉林大学，2014.

［87］孟美任.基于CRF模型的半监督学习迭代观点句识别研究［J］.情报学报，2012，31（10）：1071–1076.

［88］莫于川.健康中国视野下的公众参与食品安全治理［C］//朱信凯 胡锦光.食品安全治理文集.北京：知识产权出版社，2017：14–20.

［89］潘艳茜，姚天昉.微博汽车领域中用户观点句识别方法的研究［J］.中文信息学报，2014，28（5）：148–154.

［90］潘云涛，田瑞强.工程化视角下的情报服务——国外情报工程实践的典型案例研究［J］.情报学报，2014，33（12）：1242–1254.

［91］彭敏，黄佳佳，朱佳晖等.基于频繁项集的海量短文本聚类与主题抽取［J］.计算机研究与发展，2015，52（9）：1941–1953.

［92］全吉，黄剑眉，张水波等.基于风险链和风险地图的风险识别和分析方法——以某海外EPC电力工程为例［J］.南方能源建设，2014，1（1）：92–96.

［93］任立肖，张亮.我国食品安全网络舆情的研究现状及发展动向［J］.食品研究与开发，2014（18）：166–169.

［94］佘硕，张聪丛.基于社会媒体的食品风险信息公众传播行为研究［J］.情报杂志，2015，34（9）：123–128.

［95］慎金花，赖茂生.信用信息及其传播［J］.情报科学，2004（5）：520–522.

［96］施颖.产品质量安全风险监管运行机制研究［D］.北京：中国矿业大学，2013.

［97］苏冲，陈清才，王晓龙等.基于最大频繁项集的搜索引擎查询结果聚类算法［J］.中文信息学报，2010，24（2）：58–67.

［98］苏亮，任鹏程，任雪琼等．食品安全风险监测信息化浅析［J］．中国食品卫生杂志，2013，25（6）：533-536.

［99］苏新宁，邵波．信息传播技术［M］．南京：南京大学出版社，1998：100-200.

［100］孙兴权，徐静，杨春光等．食品安全网络资源数据库现状及展望［J］．食品安全质量检测学报，2014，5（6）：1892-1899.

［101］孙镇，王惠临．命名实体识别研究进展综述［J］．现代图书情报技术，2010，193（6）：42-47.

［102］谭松波，王素格，廖祥文，刘康．第五届中文倾向性分析评测总体报告［C］//第五届中文倾向性分析评测报告论文集．太原：第五届中文倾向性分析评测研讨会，2013：5-53.

［103］汤志伟，韩啸．基于信息计量分析的国内外微博研究现状、热点及趋势［J］．电子政务，2015（1）：97-104.

［104］王乐，闭应洲．基于特征模板提取及 SVM 的观点句识别［J］．广西师范学院学报（自然科学版），2014，31（3）：85-89.

［105］王立伟，杨风雷．网络食品安全信息实时监控与分析系统的研发与应用［J］．中国科技成果，2014，15（16）：68-70.

［106］王利刚，夏永鹏，张磊等．食品中致病菌的风险监测预警概述［J］．食品与发酵科技，2015，（6）：73-76.

［107］王树义．基于社交媒体的证券价值信息获取［D］．天津：南开大学，2011.

［108］王晓光．微博客用户行为特征与关系特征实证分析：以"新浪微博"为例［J］．图书情报工作，2010，54（14）：66-70.

［109］王中亮，石薇．信息不对称视角下的食品安全风险信息交流机制研究［J］．上海经济研究，2014，308（5）：66-74.

［110］温润．基于新词扩充和特征选择的微博观点句识别方法［J］．情报学报，2013，32（9）：945-951.

［111］吴岚．风险理论［M］．北京：北京大学出版社，2012：1-2.

［112］吴凤慧，成颖，郑彦宁等．文本聚类中文本表示和相似度计算研究综述［J］．情报科学，2012，30（4）：622-628.

［113］吴佐衍，王宇．基于 HNC 理论和依存句法的句子相似度计算［J］．计算机工程与应用，2014，50（3）：97-102.

［114］雅科夫·Y．海姆斯．风险建模、评估和管理［M］．西安：西安交通大学出版社，2007：332-577.

［115］杨成明．微博客用户行为特征实证分析［J］．图书情报工作，2011，55（12）：21-25.

［116］杨隽萍，陆哲静，李雪灵．风险信息识别在创业领域的作用机理研究［J］．图书情报

工作，2013，57（7）：18-22，33.

[117] 杨青，刘星星，杨帆等.基于免疫危险理论的非常规突发事件风险识别双信号方法
[J].系统工程理论与实践，2015，35（10）：2667-2674.

[118] 杨跃翔，王理，蔡华利.消费品质量安全风险信息采集、处理和应用[M].北京：
北京质检出版社，中国标准出版社，2014：6-120.

[119] 尹建军.社会风险及其治理研究[D].北京：中共中央党校，2008.

[120] 应飞虎，涂永前.公共规制中的信息工具[J].中国社会科学，2015，（4）：116-
134.

[121] 俞忻峰.新浪微博的数据采集和推荐方案研究[D].南京：南京理工大学，2015.

[122] 昃向君.食品安全数据分析与风险监测[M].北京：中国质检出版社，2013：2-150.

[123] 张耕，刘震宇.在线消费者感知不确定性及其影响因素的作用[J].南开管理评论，
2010，13（5）：99-106.

[124] 张红霞，安玉发，张文胜.我国食品安全风险识别、评估与管理——基于食品安全
事件的实证分析[J].经济问题探索，2013，371（6）：135-142.

[125] 张俊慧.信息检索与利用[M].北京：科学出版社，2015：145-168.

[126] 张良均，王路，谭立云等.Python数据分析与挖掘实战[M].北京：机械工业出版
社，2016：317-319.

[127] 张书芬.基于供应链的食品安全风险监测与预警体系研究[D].天津：天津科技大
学，2013.

[128] 张翔.文本挖掘技术研究及其在综合风险信息网络中的应用[D].西安：西北大学，
2011.

[129] 周海云.基于多特征融合的中文比较句识别算法[J].中文信息学报，2013，27（6）：
110-116.

[130] 周敏.风险社会下的信息流动与传播管理[M].北京：北京大学出版社，2014：43-
136.

[131] 周荣喜，崔清德，蔡小龙等.产品质量安全风险传导机制研究——以台湾地沟油事
件为例[J].经济与管理，2015，29（6）：73-78.

[132] 朱爱菊.从对人的关注和浏览中获取信息——新浪微博中的信息组织与信息获取机
制分析[J].情报杂志，2011，30（5）：11-16.

[133] 朱淑珍.金融创新与金融风险[M].上海：复旦大学出版社，2002：100-200.